高职高专规划教材·基础课系列

机械制图习题集

主　编　许云飞　李　伟
副主编　杨巍巍　刘承信　任丰兰
主　审　王文乐

電子工業出版社
Publishing House of Electronics Industry
北京·BEIJING

内 容 简 介

本书是根据教育部“高职高专教育机械制图课程教学基本要求（机械专业）”，并结合编者多年的教学经验精心编写而成的。本书遵循机械制图的教学规律，采用了最新的《技术制图》、《机械制图》国家标准。

全书共分为十个项目，所介绍的主要知识点包括制图的国家标准，正投影理论，点、线、面、基本体、组合体投影，轴测图，机件的表达方法，标准件常用件，零件图上的各种技术要求，零件图，装配图。本书突出制图的国家标准及投影理论的基础地位，强化零件图及装配图的绘制与识读。习题难易结合，过渡性较强，教师可根据教学要求全部使用或部分选用习题。

本书可作为高职高专机械制造、数控技术应用、机电一体化、模具设计与制造等专业教材，也可作为职工大学、函授大学、中专学校、技工学校相关专业教材，还可供有关技术人员参考。与本书配套的《机械制图》一书也同时由电子工业出版社出版。

图书在版编目（CIP）数据

机械制图习题集/许云飞，李伟主编．—北京：电子工业出版社，2014.8
高职高专规划教材·基础课系列
ISBN 978-7-121-23300-5
Ⅰ.①机…　Ⅱ.①许…②李…　Ⅲ.①机械制图—高等职业教育—习题集　Ⅳ.①TH126-44

中国版本图书馆 CIP 数据核字（2014）第 107453 号

策划编辑：郭穗娟
责任编辑：陈韦凯
印　　刷：三河市鑫金马印装有限公司
装　　订：三河市鑫金马印装有限公司
出版发行：电子工业出版社
　　　　　北京市海淀区万寿路 173 信箱　邮编：100036
开　　本：787×1 092　1/16　印张：8.75　字数：224 千字
版　　次：2014 年 8 月第 1 版
印　　次：2014 年 8 月第 1 次印刷
定　　价：39.8 元

凡所购买电子工业出版社图书有缺损问题，请向购买书店调换。若书店售缺，请与本社发行部联系，联系及邮购电话：（010）88254888。
质量投诉请发邮件至 zlts@phei.com.cn，盗版侵权举报请发邮件至 dbqq@phei.com.cn。
服务热线：（010）88258888。

前　言

本书是根据教育部“高职高专教育机械制图课程教学基本要求（机械专业)”，并结合编者多年的教学经验精心编写而成的，与许云飞主编的《机械制图》教材配套使用。

本书遵循机械制图的教学规律，突出制图的国家标准及投影理论的基础地位，强化零件图及装配图的绘制与识读，具有以下特点：

（1）过渡性强，难易结合，着重加强基本功训练。

（2）加强了绘图能力和读图能力的培养，为培养学生的创新能力打下坚实的基础。

（3）贯彻执行国家关于《技术制图》及《机械制图》的新标准。

本书由许云飞、李伟担任主编，并负责全书的统稿和定稿；王文乐博士为本书主审，负责全书的审稿工作；杨巍巍、刘承信、任丰兰参与了本书的编写。其中项目一、项目二、项目七、项目八、项目九、项目十由许云飞编写，项目三由任丰兰编写，项目四由刘承信编写，项目五由杨巍巍编写，项目六由李伟编写。

本书是在总结编者多年的教学经验和在国家骨干高职院校建设中课程教学改革成果的基础上编写而成的。在编写过程中，参照了部分同行的书籍，得到了有关单位领导的关心和大力支持，在此表示衷心的感谢。

尽管我们为本书付出了十分的心血和努力，但仍存在疏漏和欠妥之处。恳请广大读者给予批评指正，以便进一步完善。编者的联系邮箱：jssky@139.com。

编　者

2014 年 5 月

目　　录

项目一　机械制图基础知识

1. 字体练习

字体工整笔画清楚排列整齐间隔均匀横平竖直注意起落

结构均匀螺纹齿轮键销弹簧名称代号轴套轮盘叉架箱体

机械制图技术要求备注审核姓名单位班级学号数量材料比例日期共张

A B C D E F G H I J K L M N O P Q R S T U V W X Y Z I II IV V VI VII IX X

a b c d e f g h i j k l m n o p q r s t u v w x y z 1 2 3 4 5 6 7 8 9 0 α β γ

班　级：________　　姓　名：________　　学　号：________

2. 图线练习

（1）在指定位置按示范图线抄画下列各种图线。

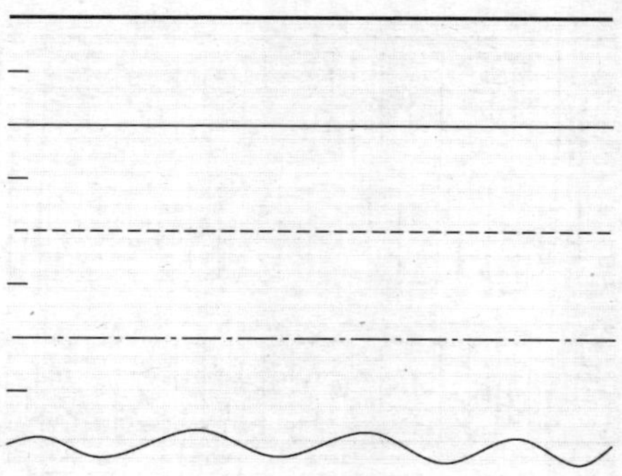

（2）画出对应的图线。

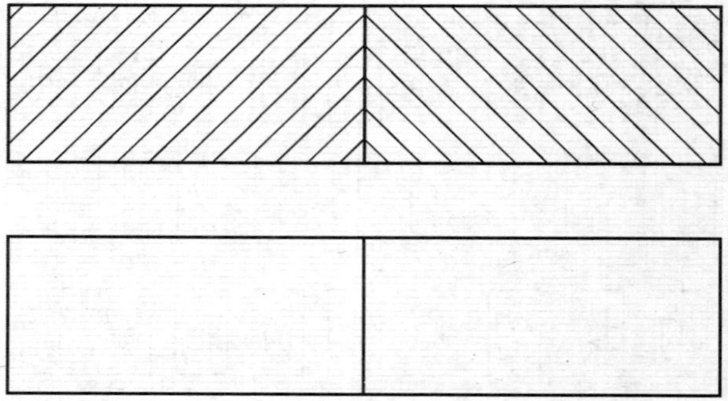

（3）抄画下图。

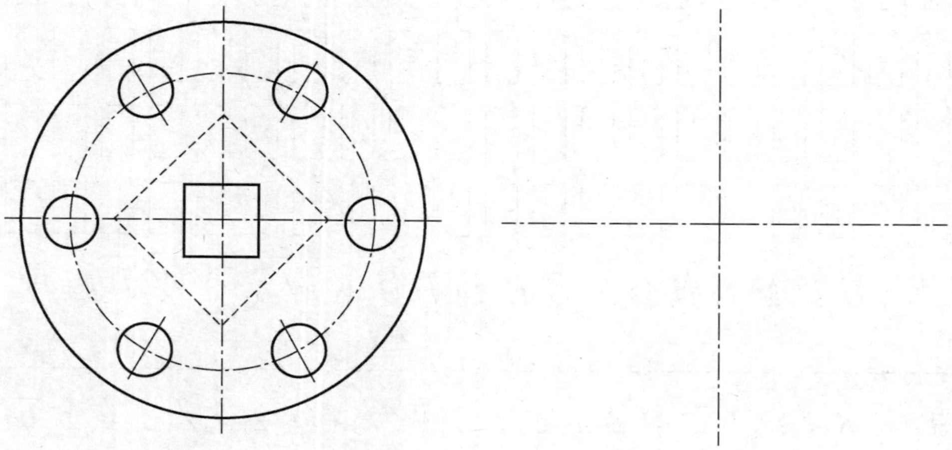

班　级：________　　姓　名：________　　学　号：________

3. 图形绘制

（1）用四心法作椭圆，椭圆长轴为40mm，短轴为30mm。

（2）用同心圆法作椭圆，椭圆长轴为40mm，短轴为30mm。

（3）作圆的内接正五边形。

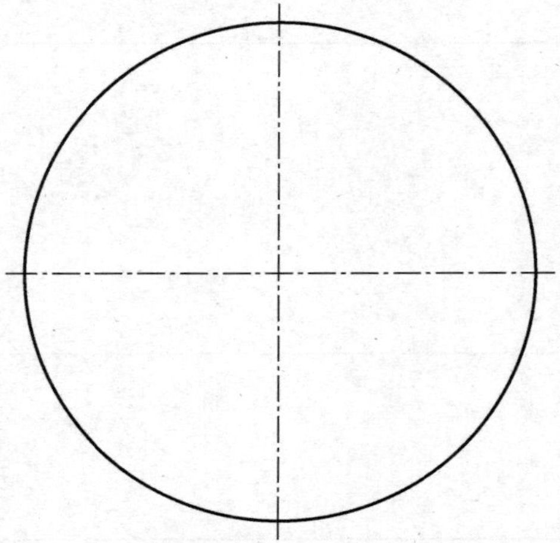

（4）作圆的内接正六边形。

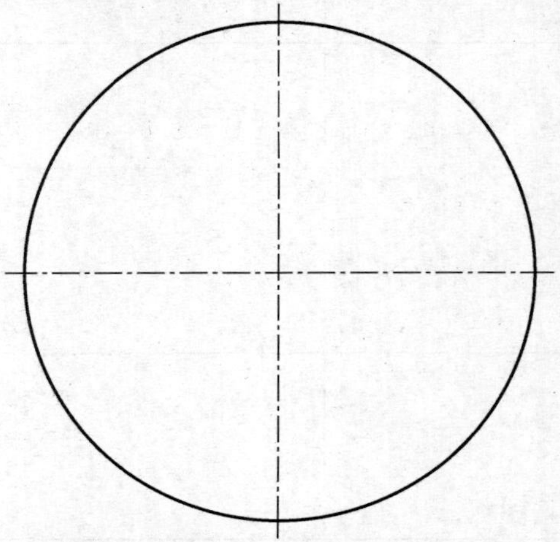

（5）作圆的内接正九边形。

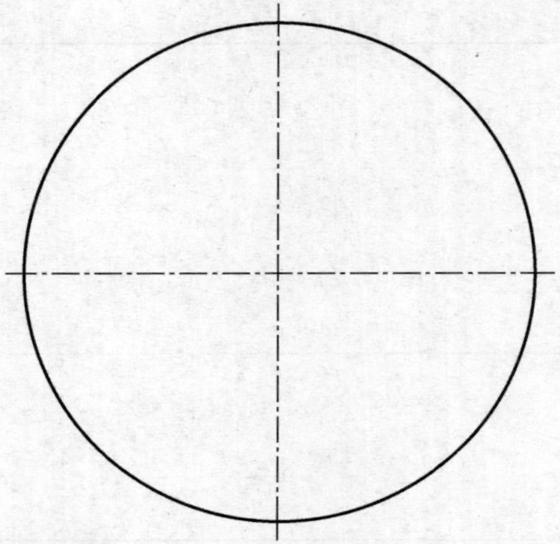

班　级：________　　姓　名：________　　学　号：________

4. 斜度与锥度的画法

（1）按规定的斜度补画下图中的图线，并标注尺寸，比例为 1 : 1。

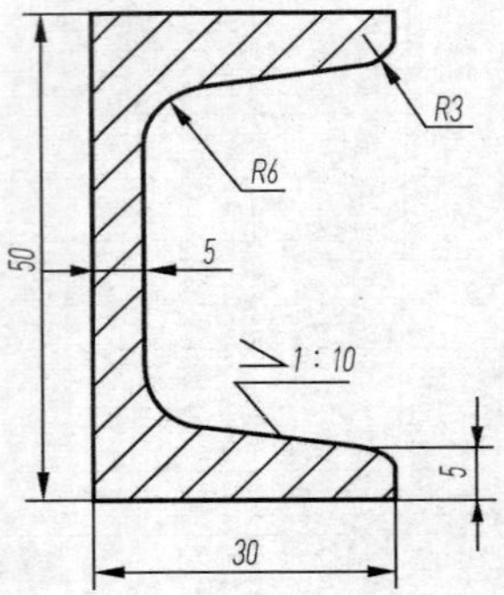

（2）按 1 : 1 抄画下图并标注锥度。

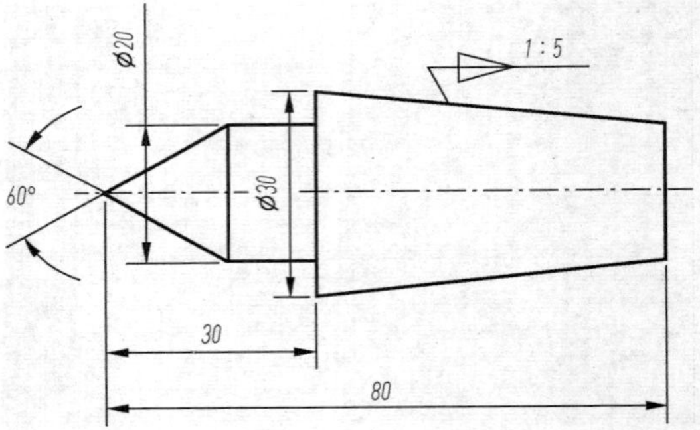

5. 常见平面图形的尺寸标注（一）

（1）画出尺寸线的箭头并填写线性尺寸数字。

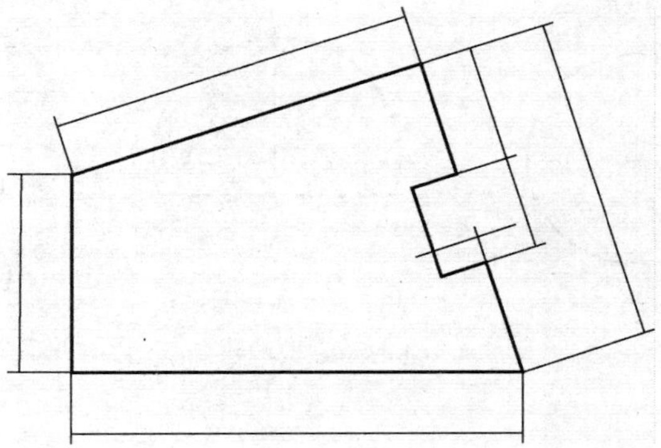

（2）画出尺寸线的箭头并填写线性尺寸数字。

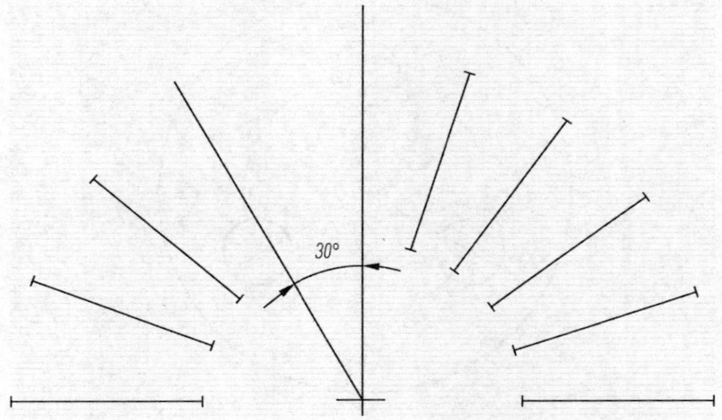

（3）注出角度（一）。

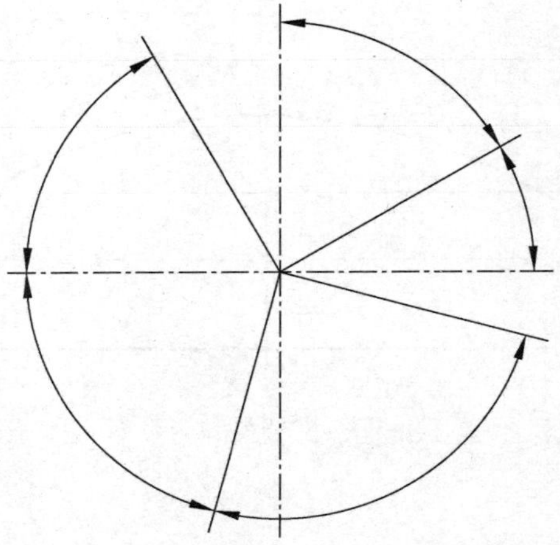

（4）注出角度（二）。

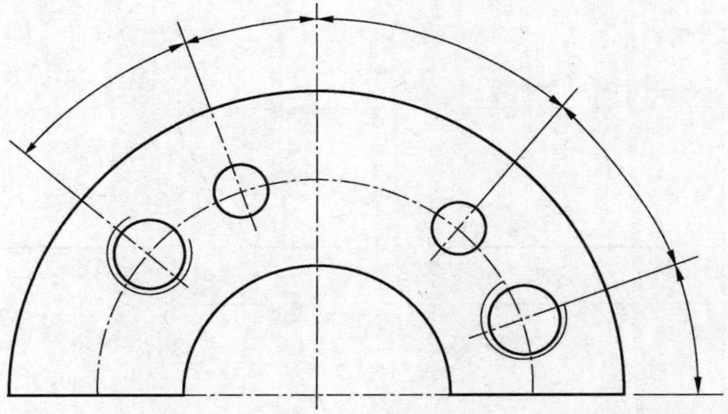

班　级：＿＿＿＿＿＿＿　姓　名：＿＿＿＿＿＿＿　学　号：＿＿＿＿＿＿＿

6. 常见平面图形的尺寸标注（二）

（1）标注圆的直径（一）。

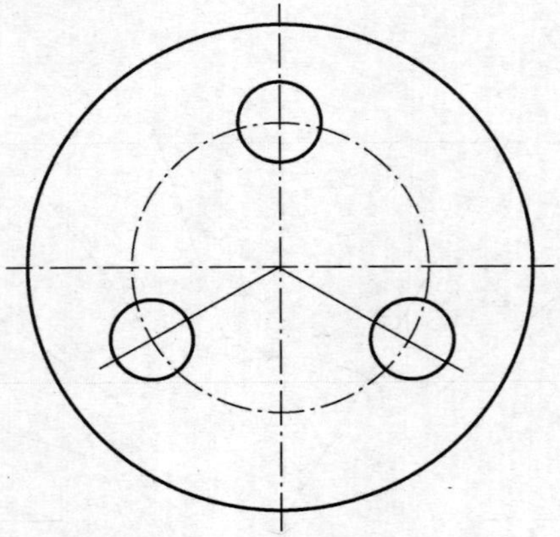

（2）标注圆的直径（二）。

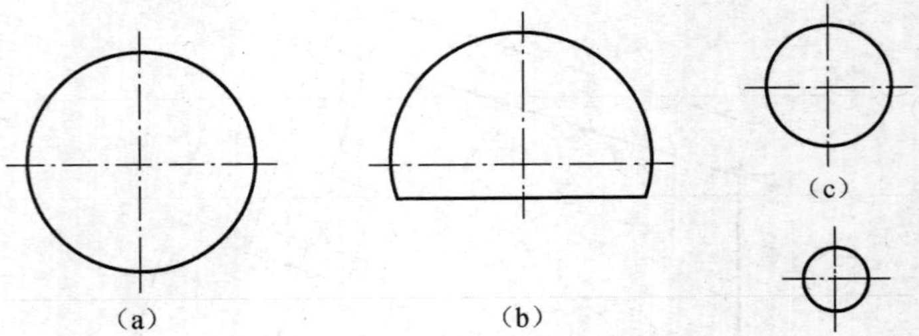

(a) (b) (c) (d)

（3）标注圆弧半径。

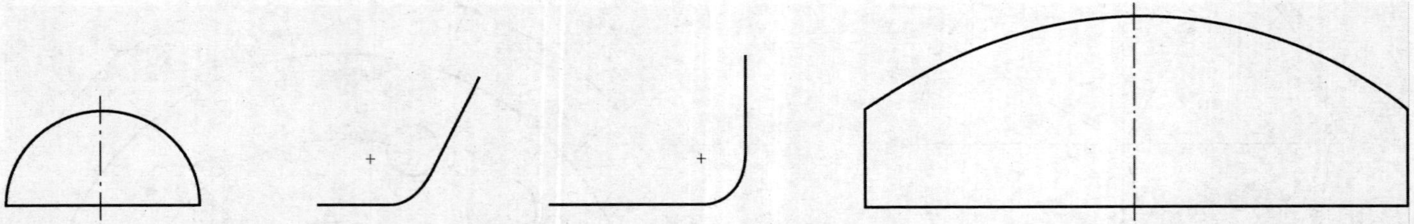

(a) (b) (c) (d)

班　级：________　　姓　名：________　　学　号：________

7. 尺寸注法（找出图中尺寸标注的错误，并在相应的图上正确标注）

(1)

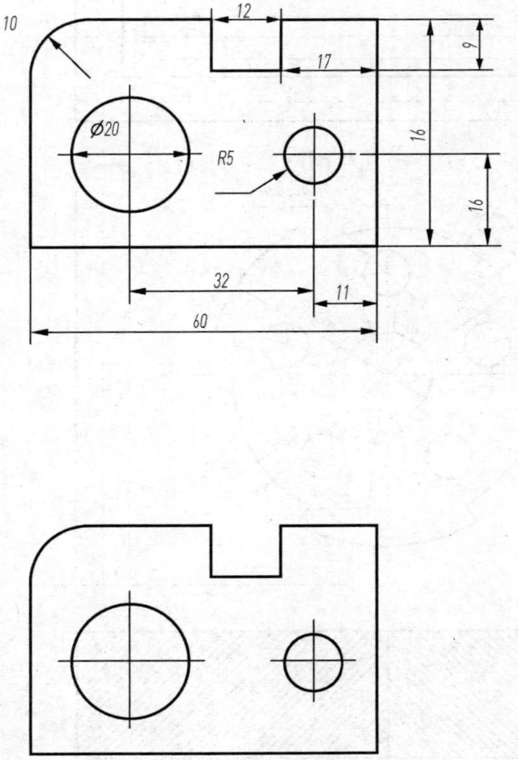

(2)

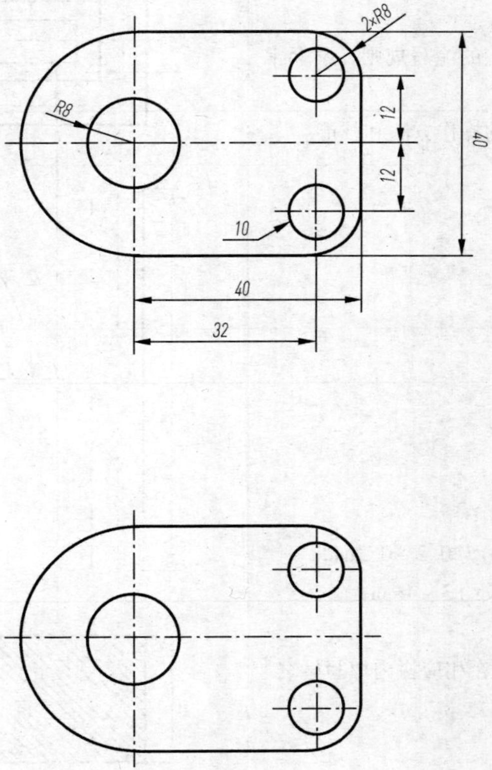

(3)

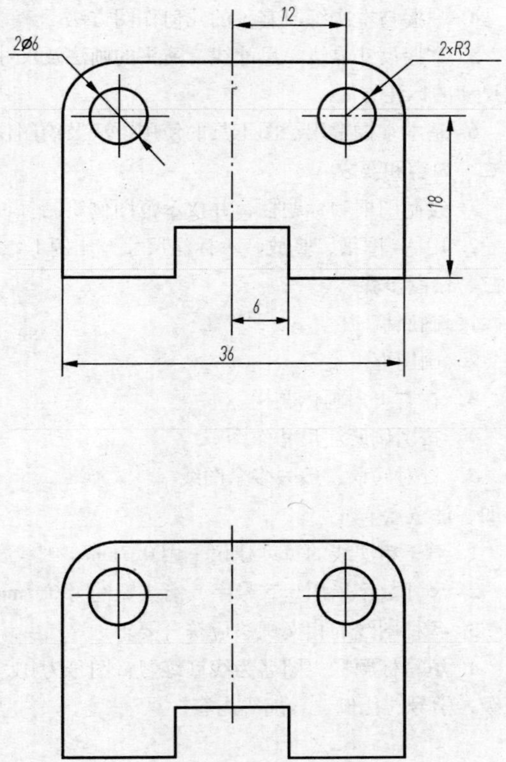

班　级：＿＿＿＿＿＿　　姓　名：＿＿＿＿＿＿　　学　号：＿＿＿＿＿＿

8. 线型练习

一、目的

1. 熟悉图纸幅面的大小，掌握图框及标题栏的画法。
2. 熟悉主要线型的形式、规格及其画法。
3. 学会长仿宋体汉字、数字、字母的正确书写方法。
4. 掌握与本次练习有关的几何作图方法。
5. 掌握尺寸界线、尺寸线、箭头的画法及尺寸数字的注写规则，学会常用尺寸的标注方法。
6. 基本掌握常用绘图工具的使用方法及绘图仪器的操作方法和技能。

二、内容和要求

1. 绘制图框和标题栏，并按示范图例绘制各种图线。
2. 用 A4 图纸，竖放，不标注尺寸，比例 1 : 1。

三、绘图步骤

1. 画底稿。
2. 画图框。
3. 在右下角画标题栏。
4. 按图例所注尺寸作图。
5. 校对底稿，擦去多余图线

四、注意点

1. 对于粗实线的宽度建议采用 0.7mm，细线宽度约为 0.2 ~ 0.3mm。
2. 尺寸数字采用 3.5 号字，箭头宽约为 0.7mm，长约 3 ~ 4mm。
3. 各种图线的相交画法应符合要求。
4. 填写标题栏。图名为线型练习；图号为 01.01；在相应栏内填写姓名、班级、学号、比例、日期等内容。

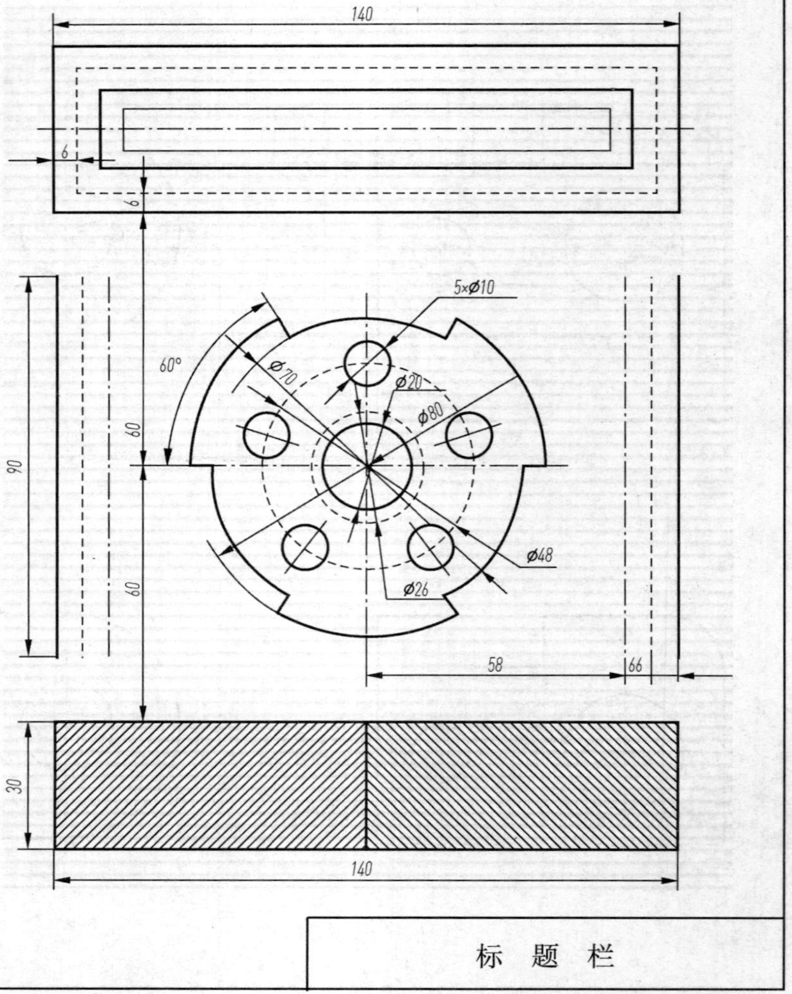

班 级：________ 姓 名：________ 学 号：________

9. 几何作图（用给定的尺寸按 1 ： 1 抄画图形）

（1）

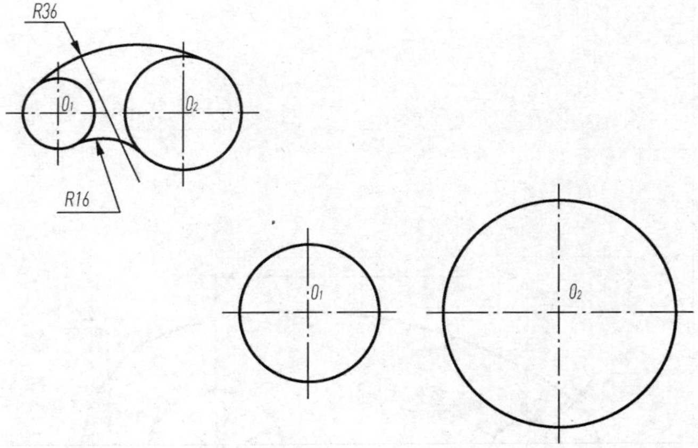

（2）

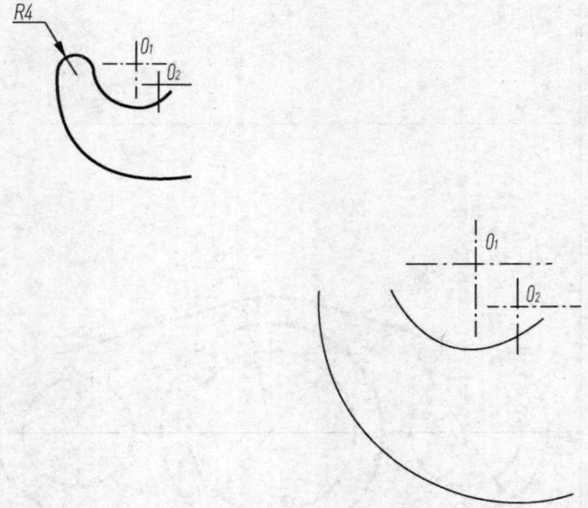

（3）

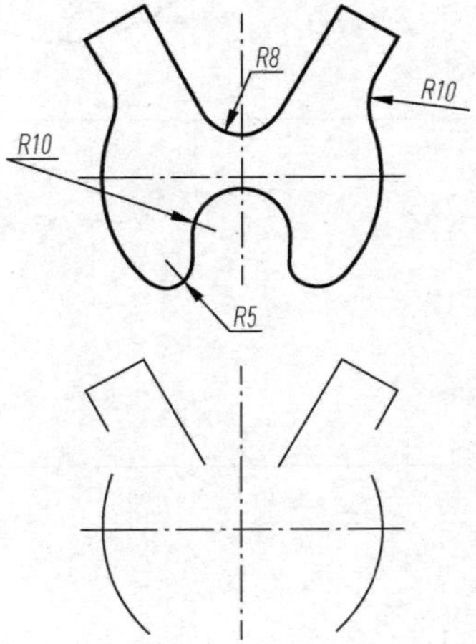

（4）

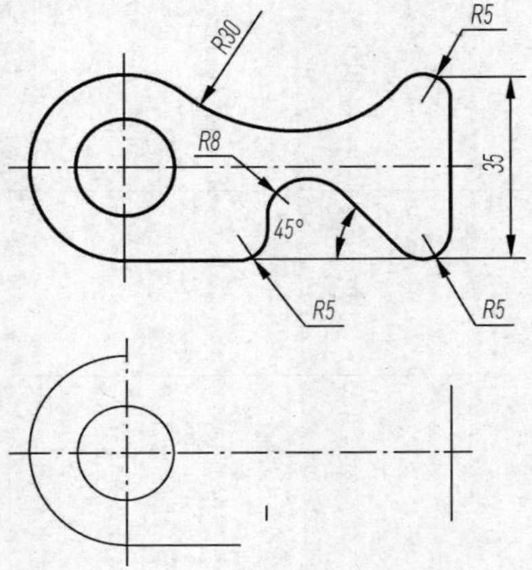

班　级：__________　　姓　名：__________　　学　号：__________

10. 用给定的尺寸按 1 ∶ 1 完成图形

(1)

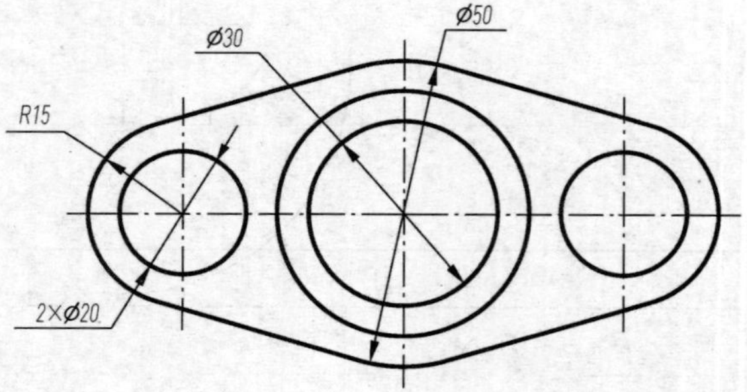

(2)

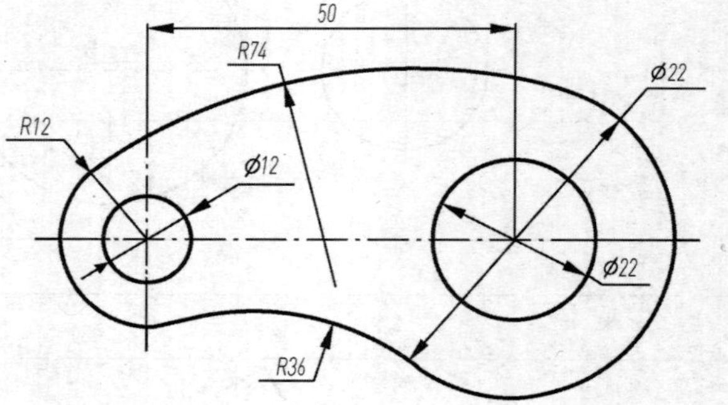

班 级：________ 姓 名：________ 学 号：________

11. 根据题意，完成下面习题

（1）指出下列两个图形横竖两个方向的尺寸基准，哪些尺寸是定形尺寸，哪些尺寸是定位尺寸。

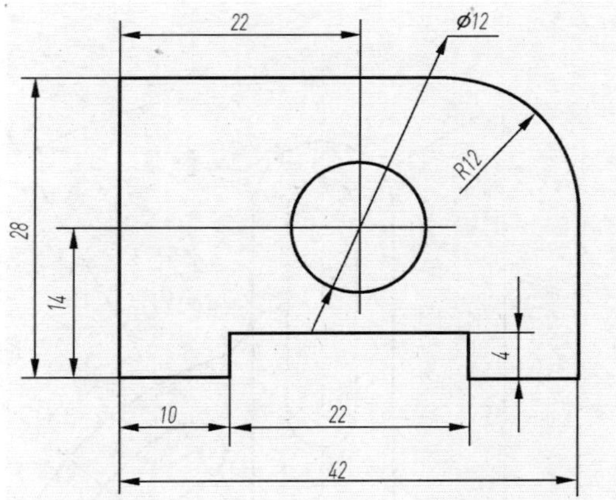

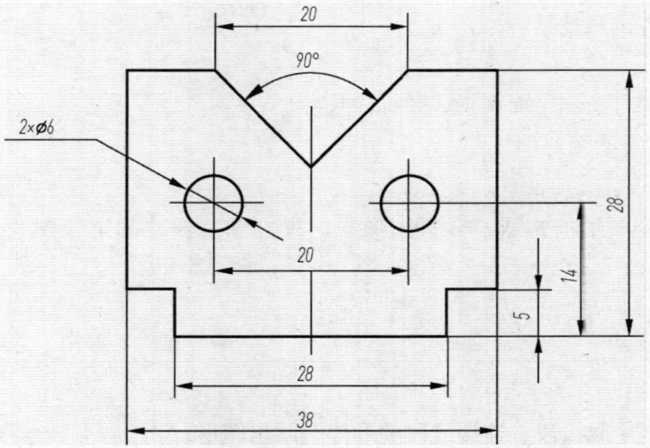

（2）指出图中的尺寸基准及定形、定位尺寸，确定线段性质，拟出作图顺序，并在 A4 图纸上按图中注出的尺寸作出图形。

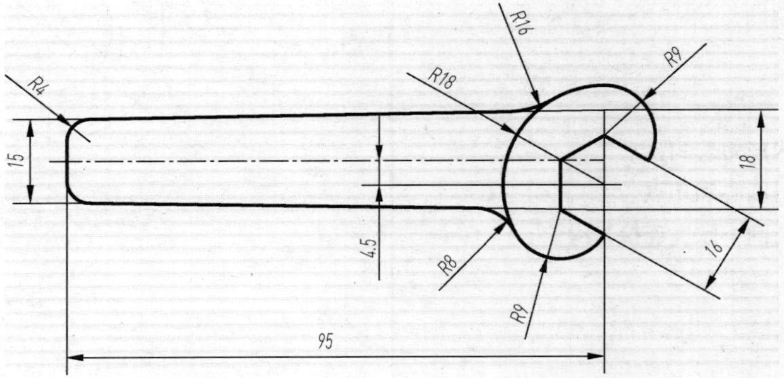

12. 平面图形练习

一、目的

1. 熟悉平面图形的绘制步骤和尺寸标注。
2. 掌握线段连接方法及技巧。

二、内容及要求

1. 按教师指定的题号绘制平面图形，并标注尺寸。
2. 用 A4 图纸，自定绘图比例。

三、作图步骤

1. 分析图形：看懂图形的构成，分析图形中的尺寸和线段，确定作图步骤。
2. 画底稿。

（1）画图框和标题栏；

（2）画作图基准线；

（3）按已知线段、中间线段、连接线段的顺序，画出图形；

（4）画尺寸界线、尺寸线。

3. 检查底稿，擦去多余线条。
4. 描深图形。
5. 画箭头，注写尺寸数字，填写标题栏。
6. 校对，修饰图面。

四、注意点

1. 布图时应留足标注尺寸的位置，使图形布置匀称。
2. 画底稿上的连接线段时，应准确找出圆心和切点。
3. 描深时，同类线型同时描深，使其粗细一致，连接光滑。
4. 箭头应符合规定，尺寸注法应正确、完整。

1.

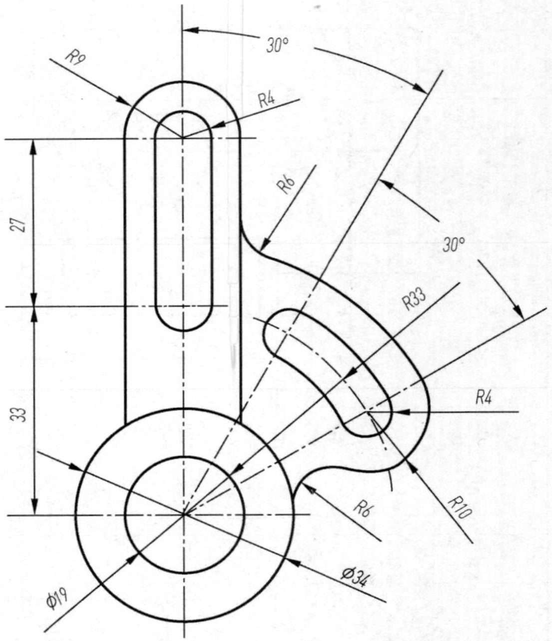

标　题　栏

13. 平面图形作业题（一）

（1）在右侧空白处，用给定的尺寸按 1 : 1 完成图形。

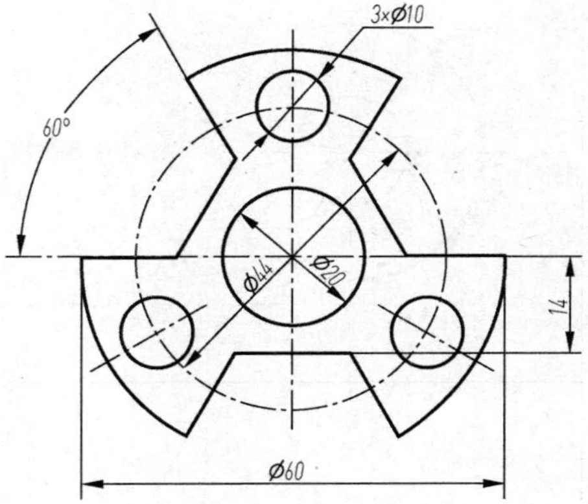

（2）在右侧空白处，用给定的尺寸按 1 : 1 完成图形。

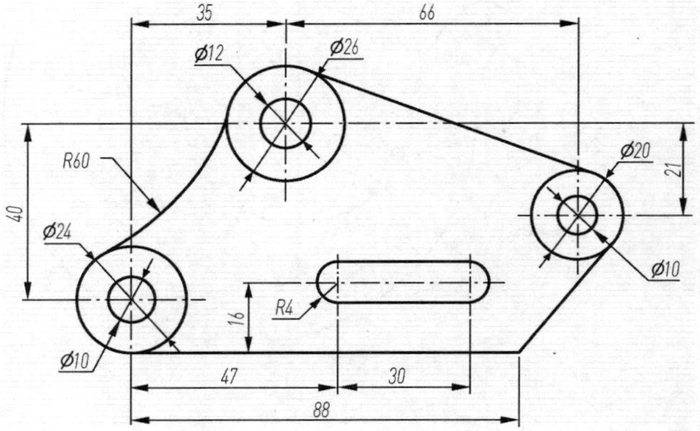

班　级：＿＿＿＿＿＿　　姓　名：＿＿＿＿＿＿　　学　号：＿＿＿＿＿＿

14. 平面图形作业题（二）

(1)

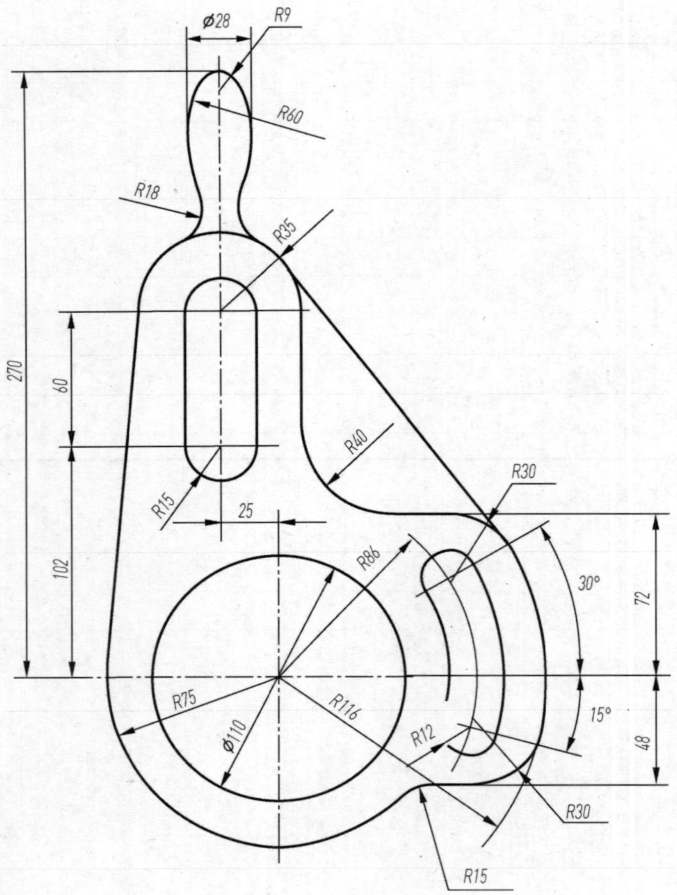

(2)

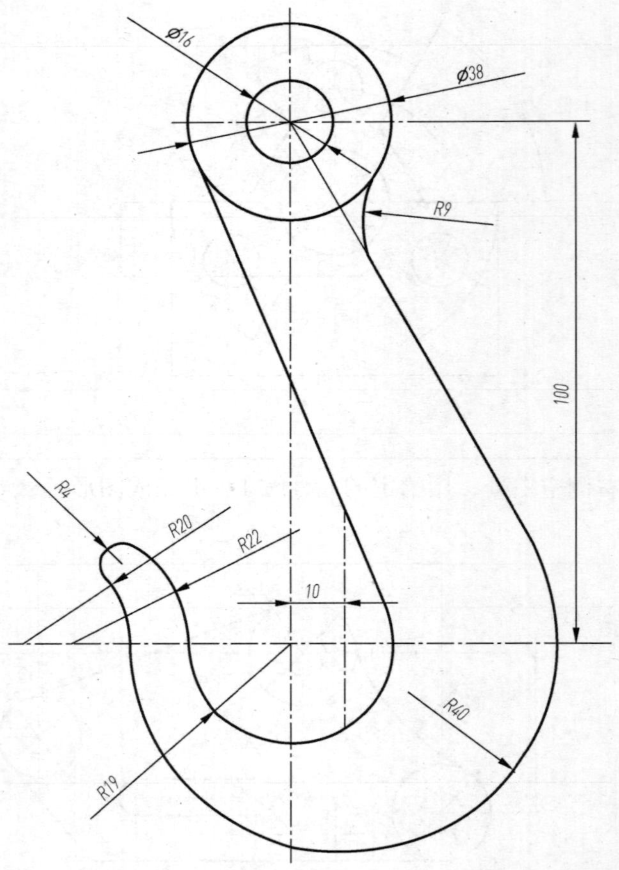

班　级：________　　姓　名：________　　学　号：________

15. 在方格区内徒手绘制下面的图形

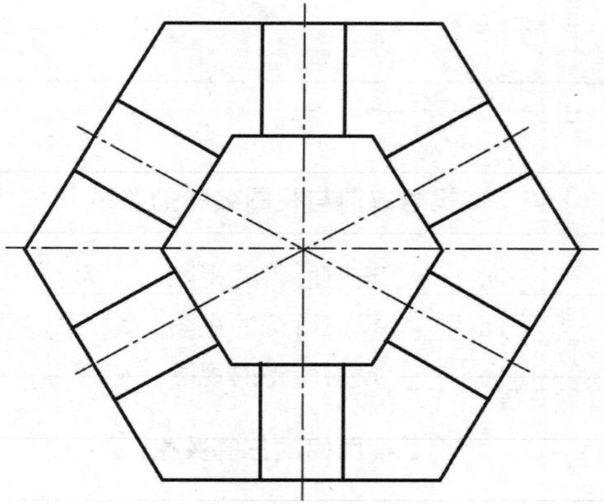

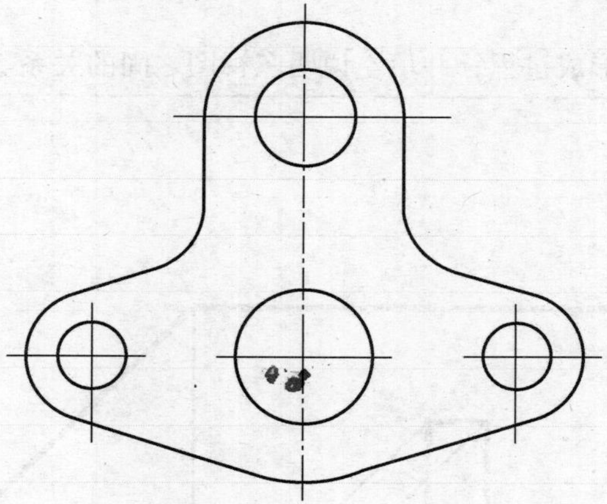

班　级：________　　姓　名：________　　学　号：________

项目二　正投影基础

1. 分析三视图的形成过程，并填空说明三视图之间的关系。

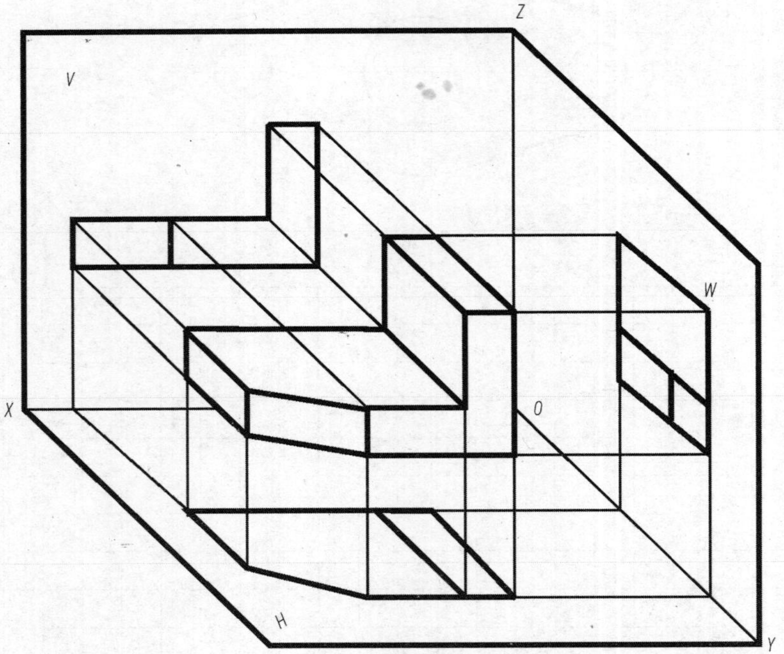

投射方向与视图名称的关系

由______向______投射所得的视图，称为____________；

由______向______投射所得的视图，称为____________；

由______向______投射所得的视图，称为____________。

视图间的三等关系

主、俯视图________________；

主、左视图________________；

俯、左视图________________。

视图与物体间的方位关系

主视图反映物体的__________和__________；

俯视图反映物体的__________和__________；

左视图反映物体的__________和__________。

在俯、左视图中，远离主视图的一边，表示物体的__________面；靠近主视图的一边，表示物体的__________面。

班　级：______________　　姓　名：______________　　学　号：______________

2. 分析下列三视图，辨认其相应的轴测图，并在括号内填上相应的三视图编号

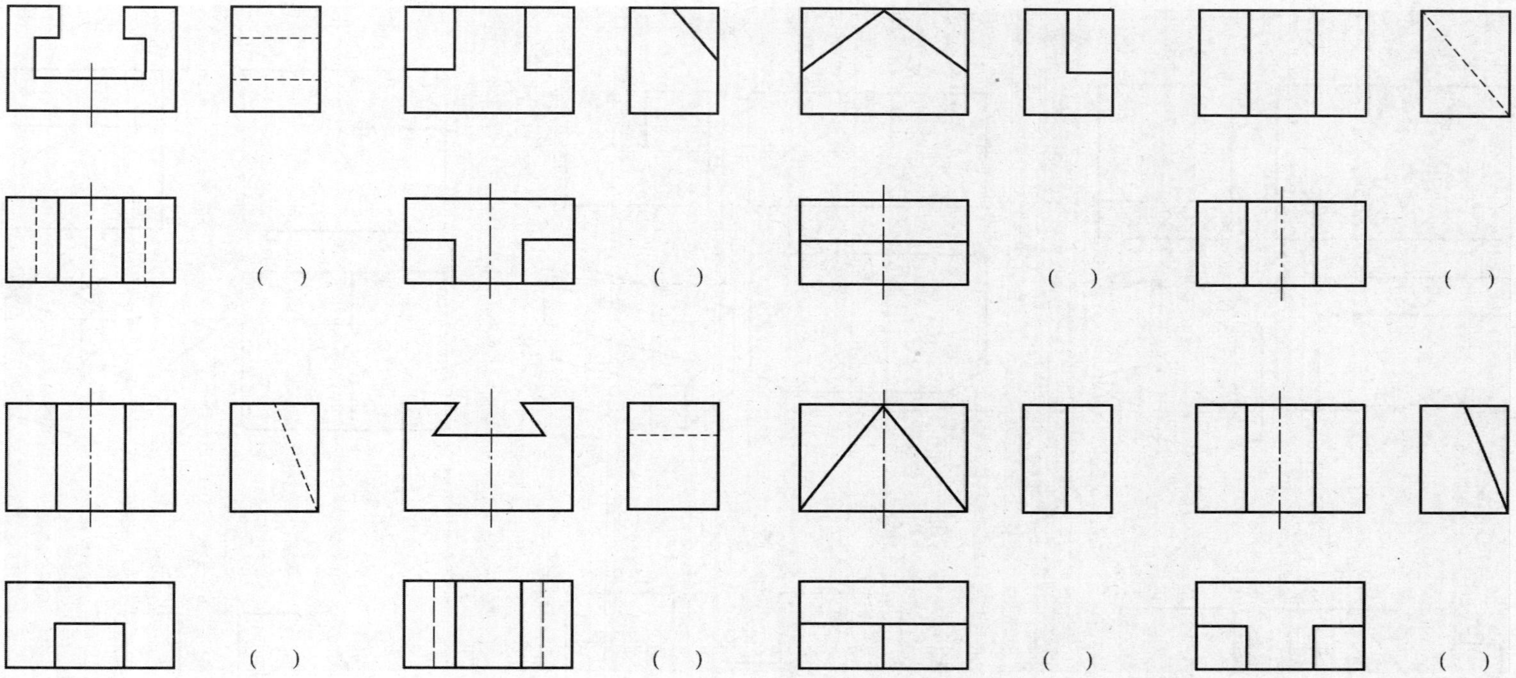

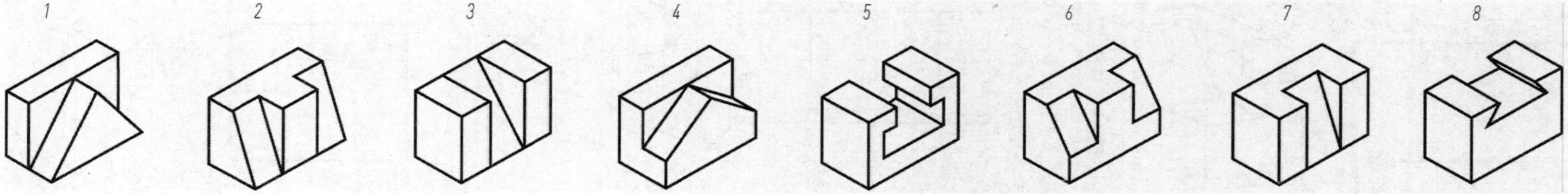

班　级：__________　　姓　名：__________　　学　号：__________

3. 对照立体图补全三视图中所缺的图线（一）

（1）

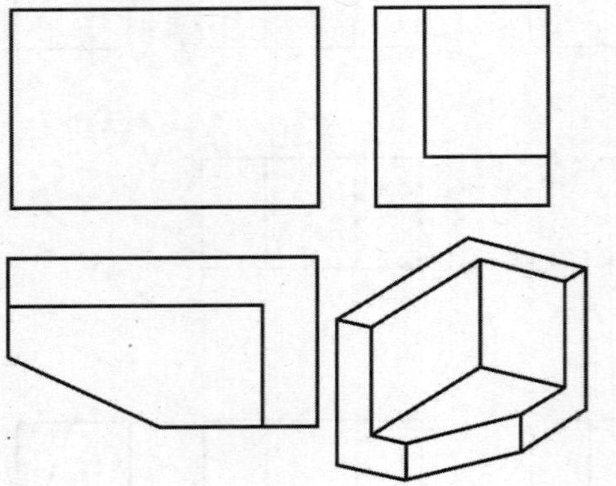

（2）

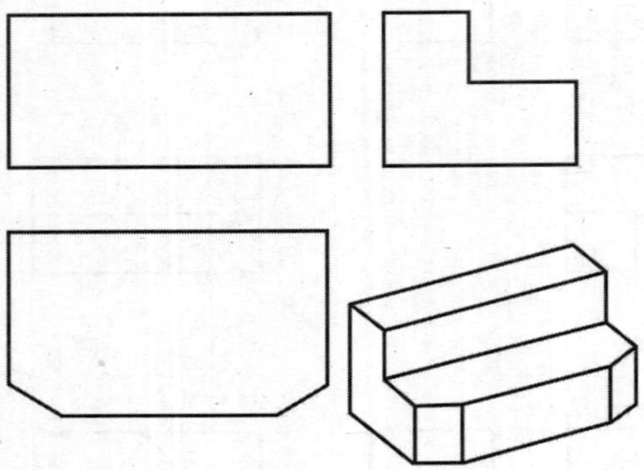

（3）

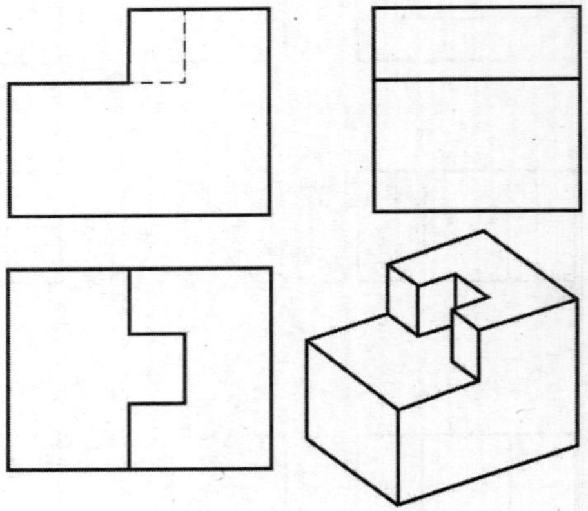

（4）

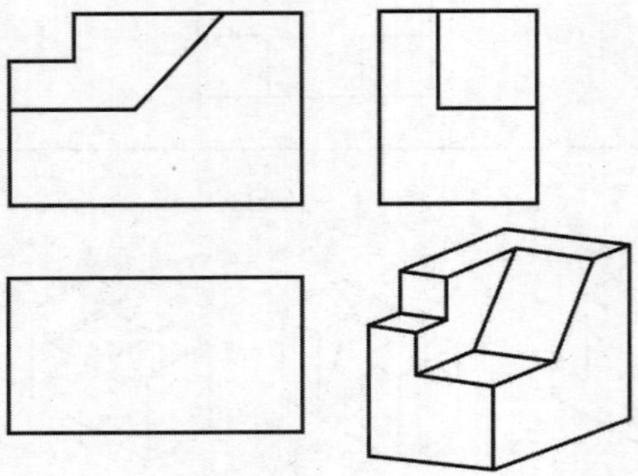

（5）

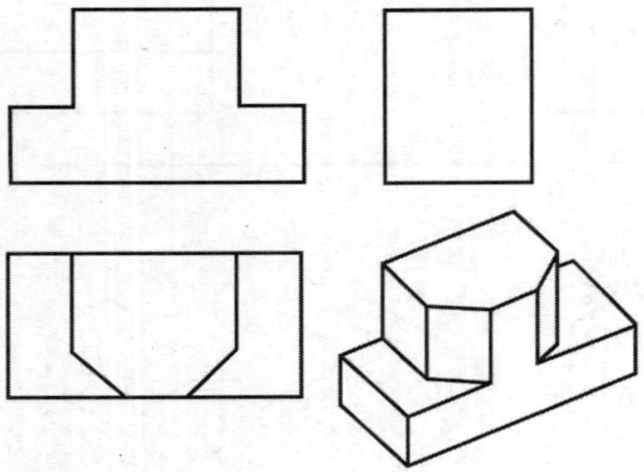

（6）

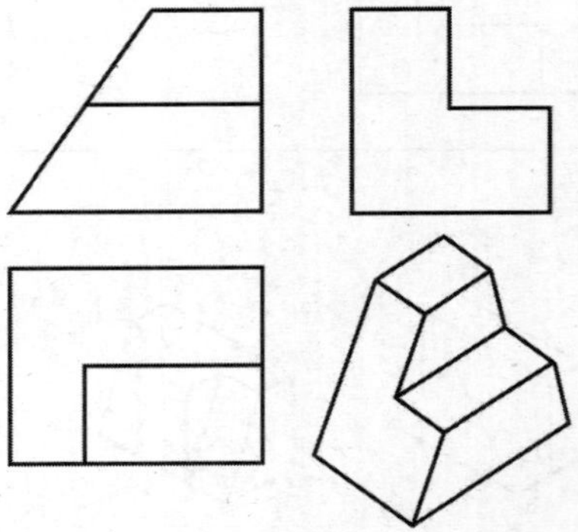

班　级：________　　姓　名：________　　学　号：________

4. 对照立体图补全三视图中所缺的图线（二）

(1)

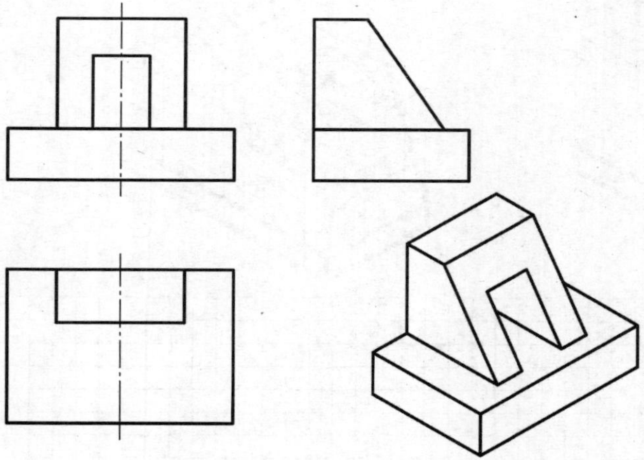

(2)

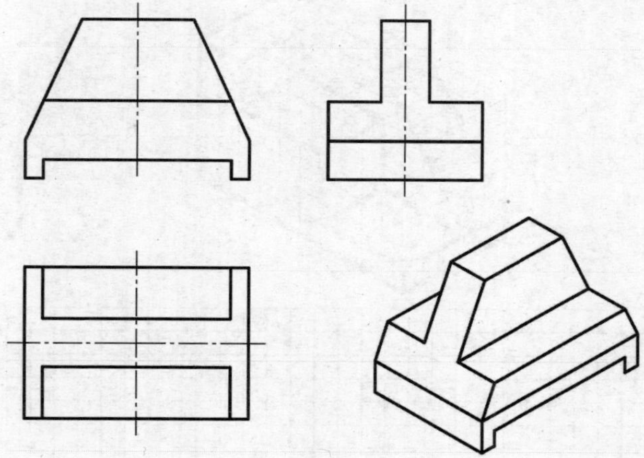

(3)

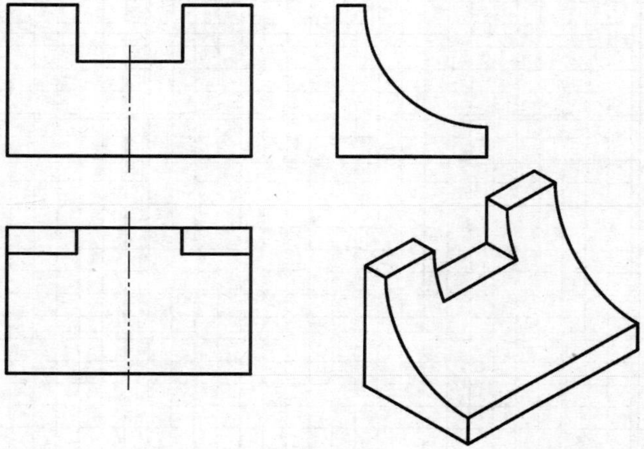

(4)

班　级：________　　姓　名：________　　学　号：________

5. 根据轴测图，在方格纸上画出三视图

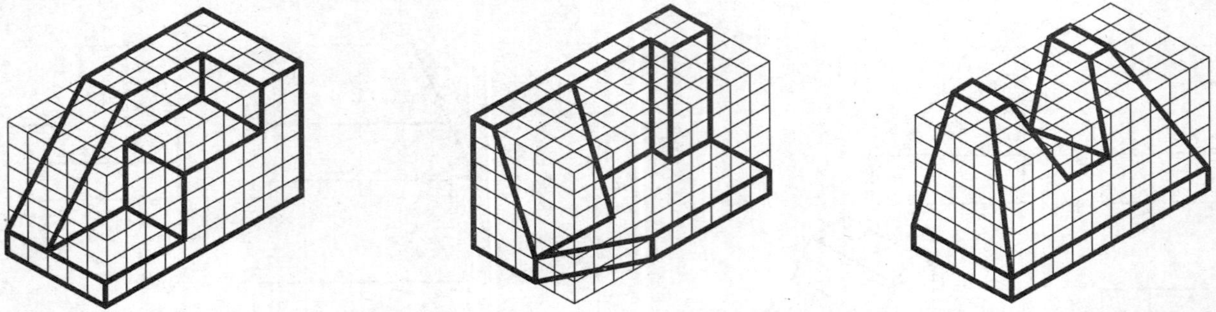

班　级：________　　姓　名：________　　学　号：________

6. 点的投影（一）

（1）完成点 *A* 的轴测图和点 *A* 的三面投影图。

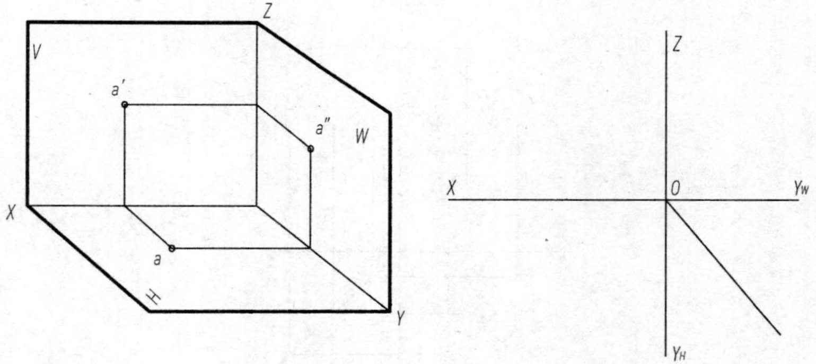

（2）已知点的坐标 *A*（10，15，20）、*B*（20，20，5）、*C*（15，20，5），求作其三面正投影。

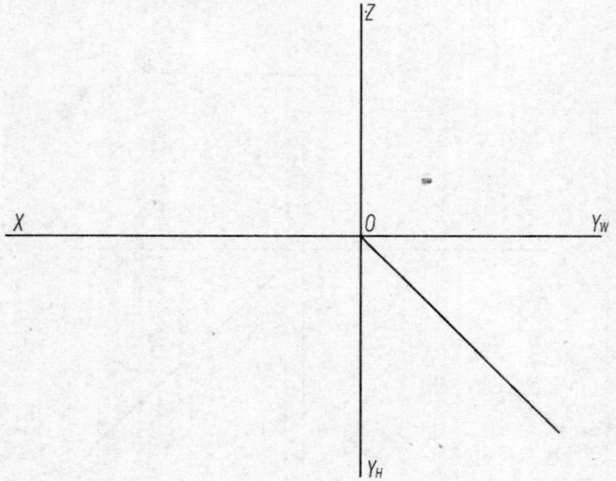

（3）已知点 *B* 距离 *H* 面 15mm、距离 *V* 面 20mm、距离 *W* 面 25mm，试作出点 *B* 的三面投影。

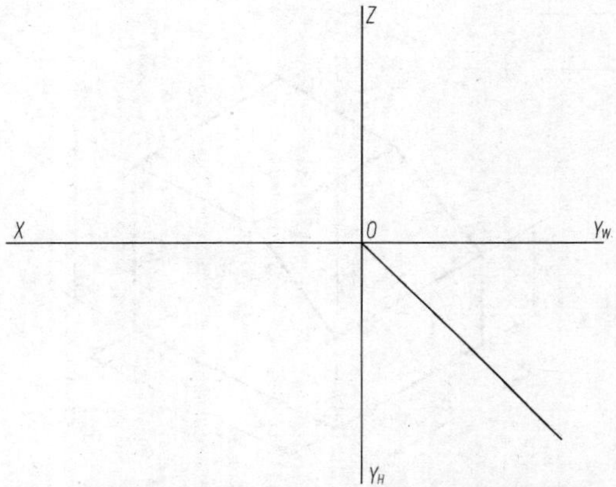

（4）已知点的两面投影，求第三面投影。点 *E* 在 *W* 面上，点 *F* 在 *H* 面上。

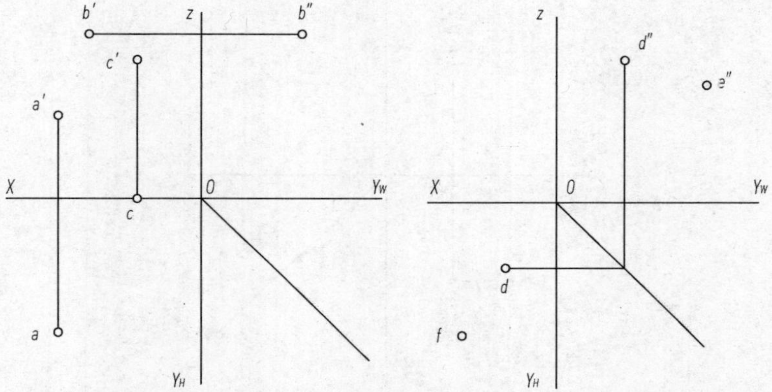

班 级：__________ 姓 名：__________ 学 号：__________

7. 点的投影（二）

（1）已知点 A 在点 B 的左方 10mm 处、下方 15mm 处、前方 20mm 处，求 A、B 两点的三面投影。

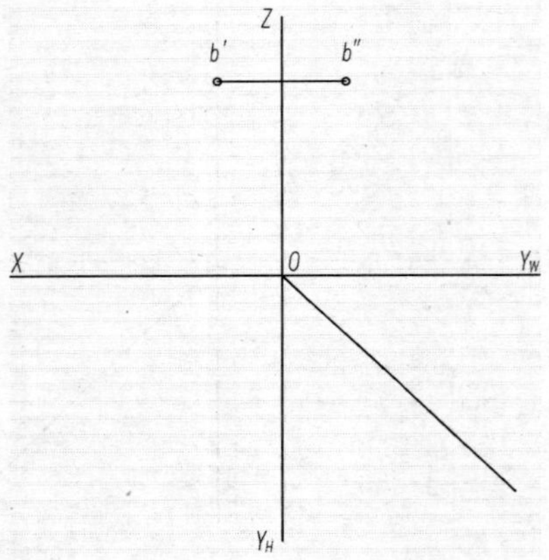

（2）比较两点的相对位置。点 B 在点 A 的______、______、______方；点 C 在 A 的______、______、______方。

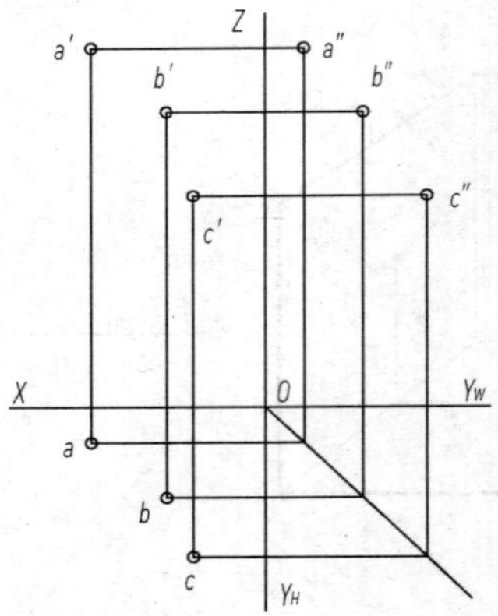

（3）已知 A、B 两点在 W 面的投影重影，完成 A、B 两点的三面投影。

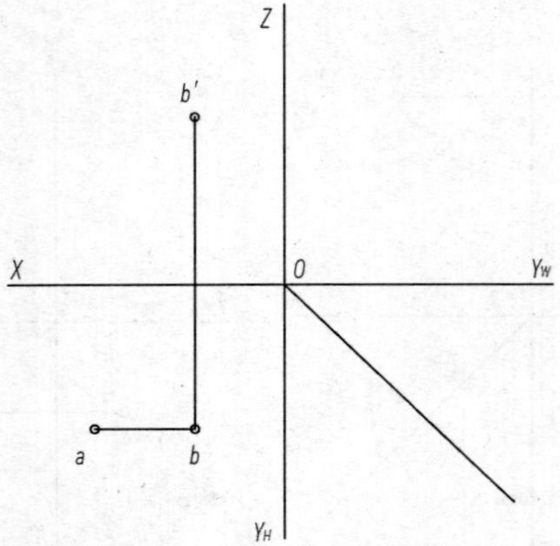

（4）已知立体上三点 ABC，试比较它们坐标的大小。

X_b 比 X_c ________

Y_b 比 Y_a ________

Z_a 比 Z_c ________

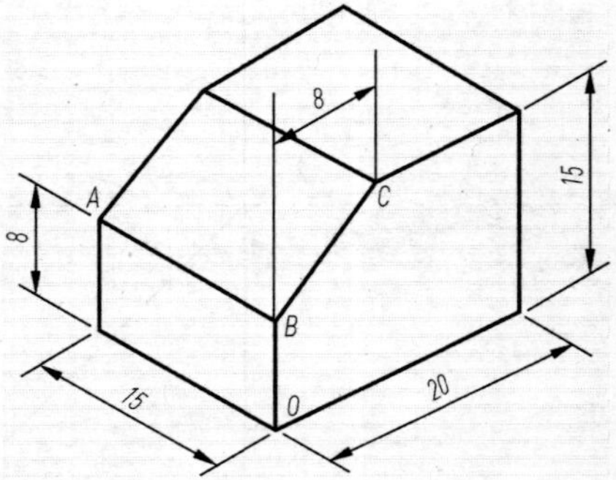

班　级：________　　姓　名：________　　学　号：________

8. 直线的投影（一）

（1）已知点 B（35，15，5），试在下图中完成直线 AB 的投影图和轴测图。

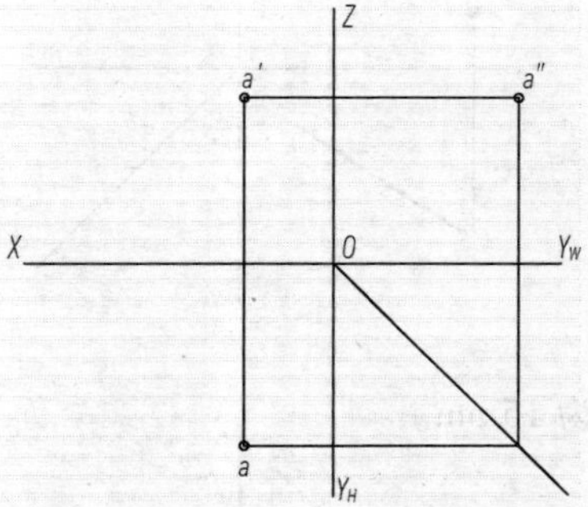

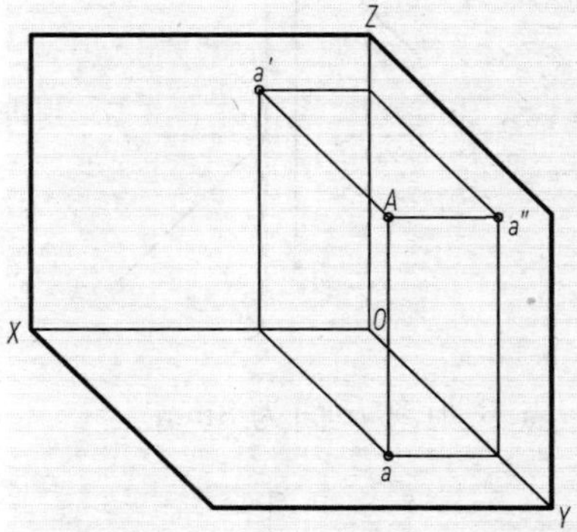

（2）对照立体图，在投影图中标出点 A、B、C、D 的投影，并填空。

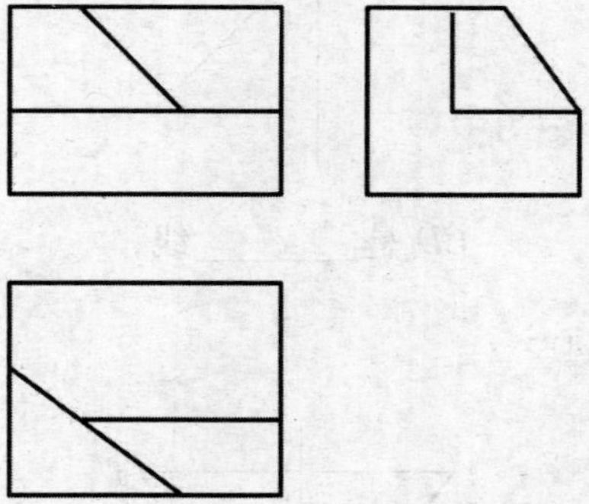

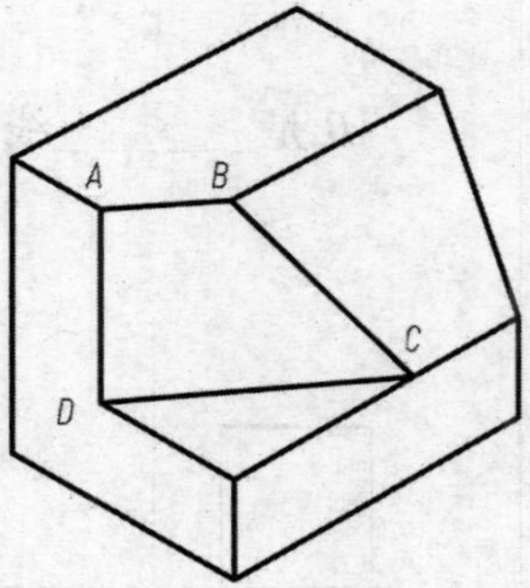

线段 AB 是＿＿＿＿＿＿线

线段 BC 是＿＿＿＿＿＿线

9. 直线的投影（二）

（1）求作直线的第三面投影，并判断直线的位置。

①

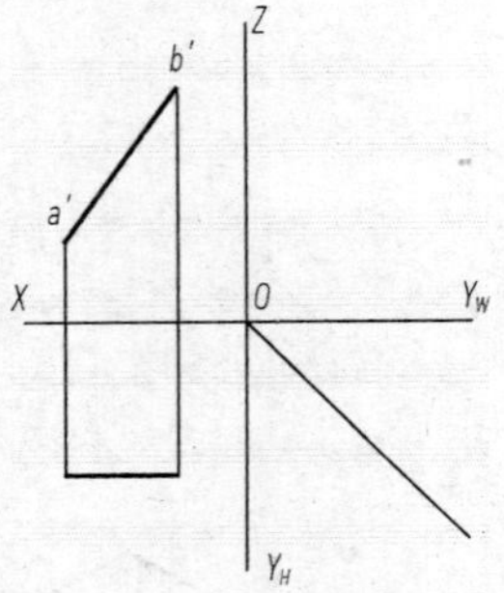

AB 是________线；

②

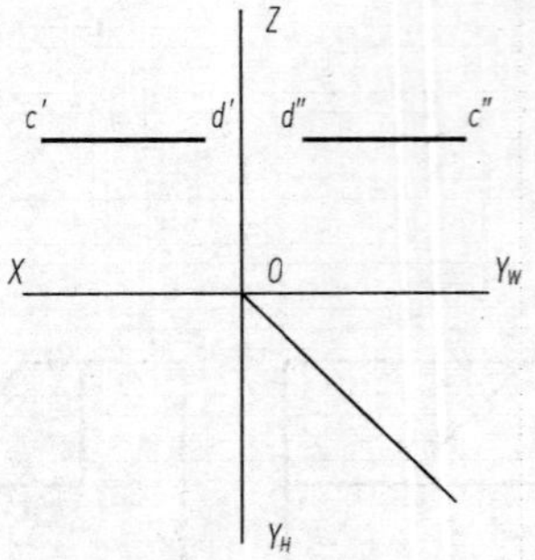

CD 是________线；

③

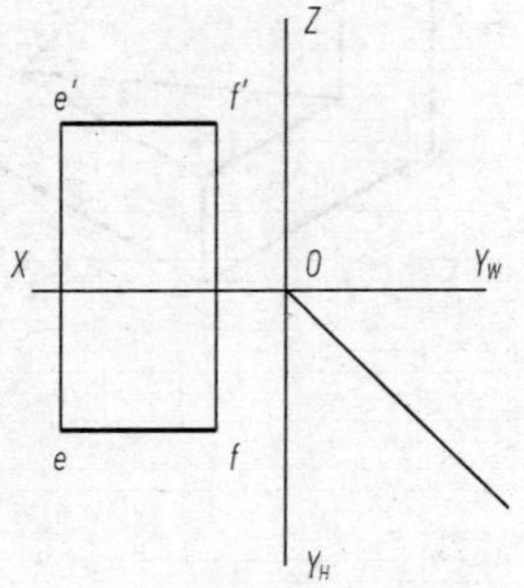

EF 是________线；

④

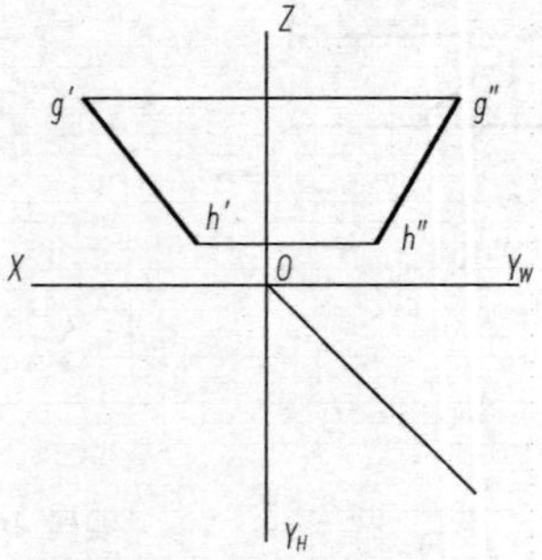

GH 是________线。

（2）完成直线的三面投影图。

①点 *B* 距 *H* 面为 12mm。

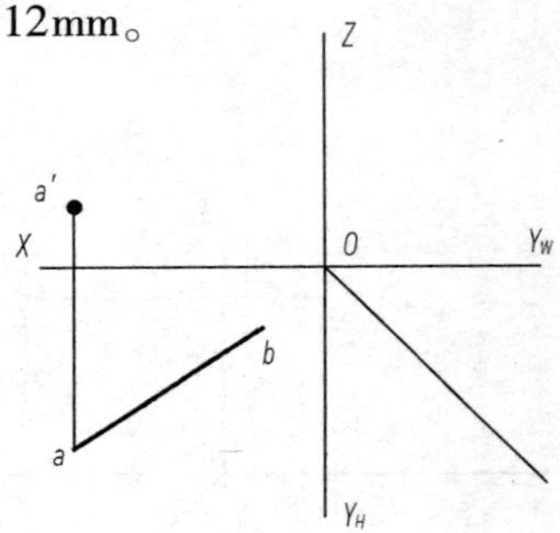

②点 *C* 距 *V* 面为 15mm。

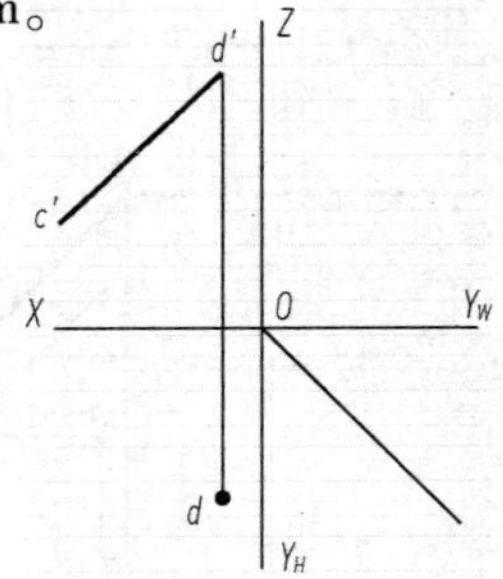

③点 *AB*⊥*H* 面，点 *B* 距离 *H* 面为 8mm。

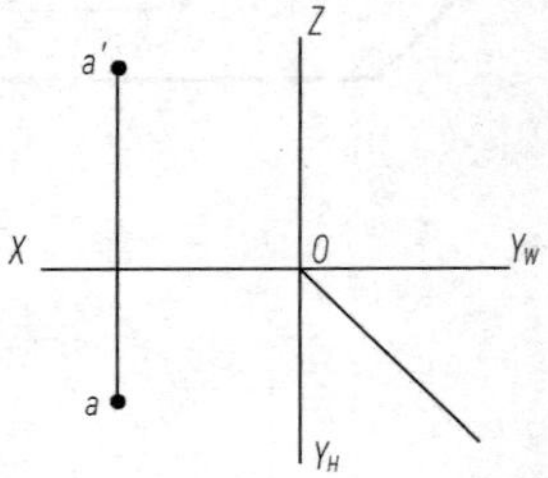

班　级：____________　　姓　名：____________　　学　号：____________

10. 直线的投影（三）

（1）作直线 AB 的 H 面投影，并标出它与 V、W 面的倾角 β 和 γ。

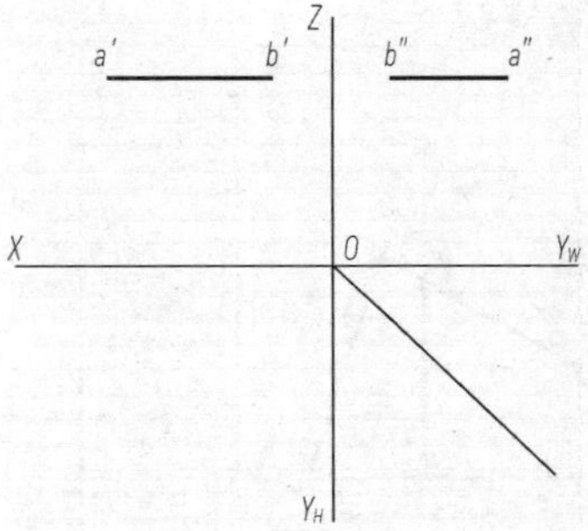

（2）求作正平线 CD 的三面投影，已知 CD 长 25mm，与 H 面的倾斜角为 30°。

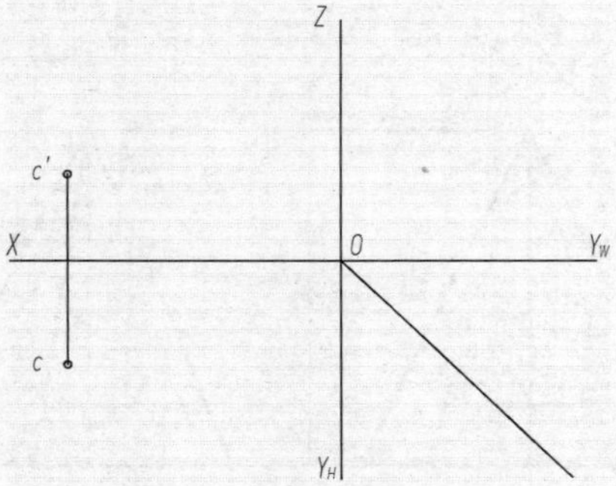

（3）求侧垂线 EF 的三面投影，已知 EF 长 30mm，距离 V 面 15mm，距离 H 面 20mm，端点 E 距离 W 面 40mm。

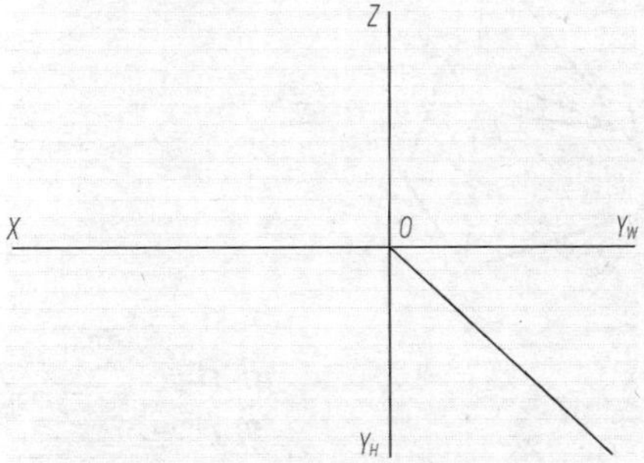

（4）已知点 M 在直线 CD 上，并与 H、V 面的距离相等，完成点 M 的投影。

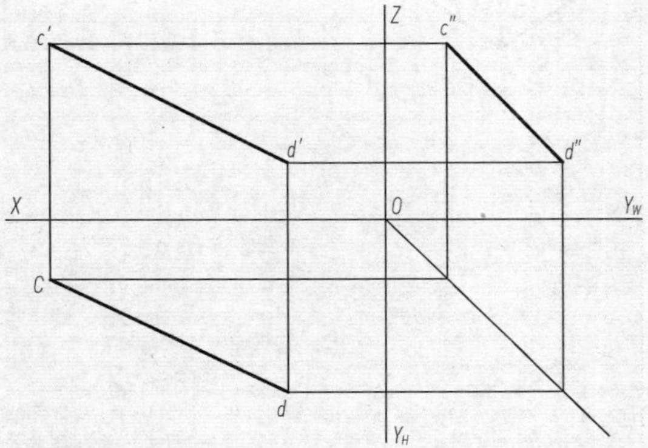

班　级：________　　姓　名：________　　学　号：________

11. 直线的投影（四）

（1）试作图判别点 M 是否属于正五棱锥的棱线 SA。又已知点 N 在棱线 SA 上，试根据 n 求作 n'、n''。

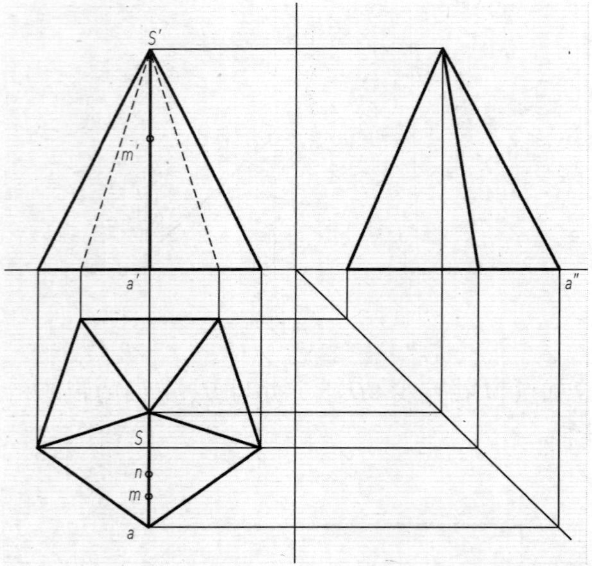

（2）已知Ⅰ、Ⅱ、Ⅲ三点分别在三棱锥的 SA、SB、SC 棱线上，求此三点的水平投影和侧面投影，并将它们的同面投影用直线连接起来。并判断ⅠA、ⅡB、ⅢC 直线的空间位置。

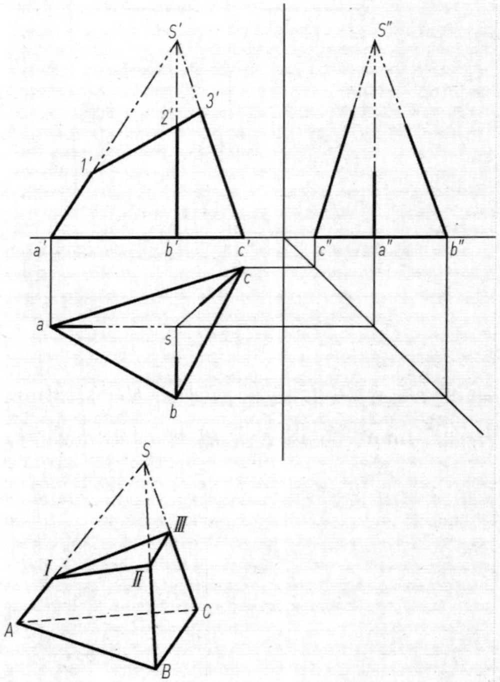

ⅠA 是________线；

ⅡB 是________线；

ⅢC 是________线。

班　级：________　　姓　名：________　　学　号：________

12. 直线的投影（五）

（1）已知线段 *AB* 平行 *CD*，补全其两面投影。

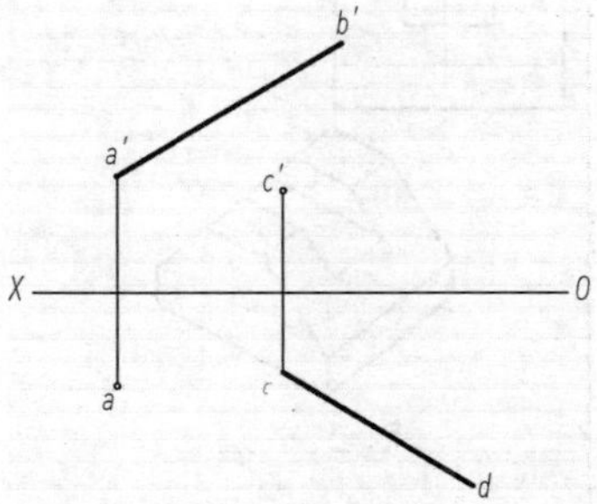

（2）过点 *C* 作直线 *CD* 与直线 *AB* 相交，交点距离 *V* 面 15mm。

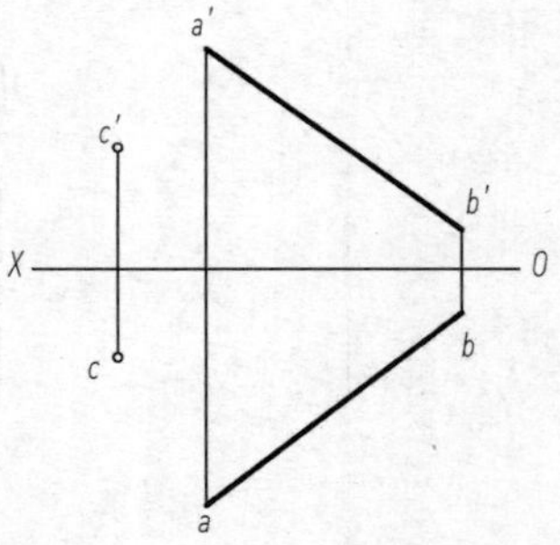

（3）作直线 *MN* 平行 *AB*，且与 *CD*、*EF* 相交。

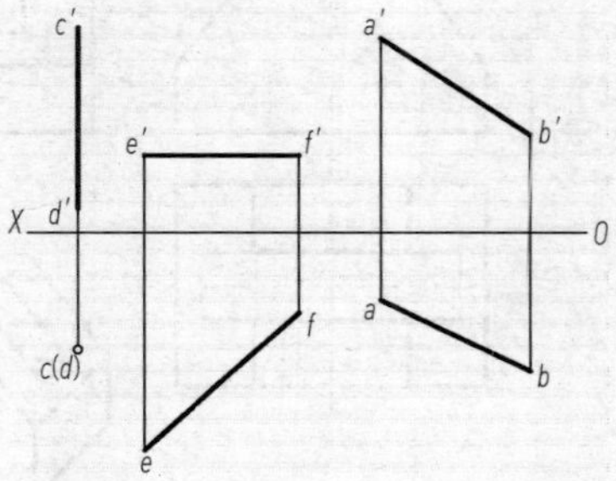

（4）判断两直线的相对位置。

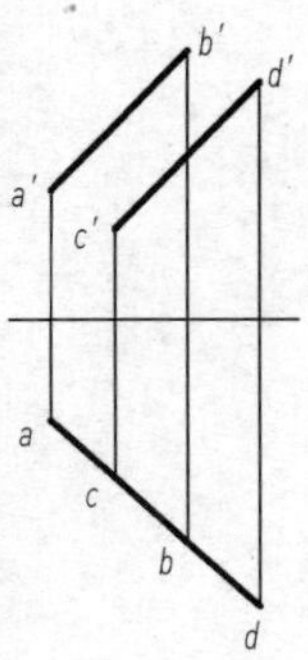

（　　）

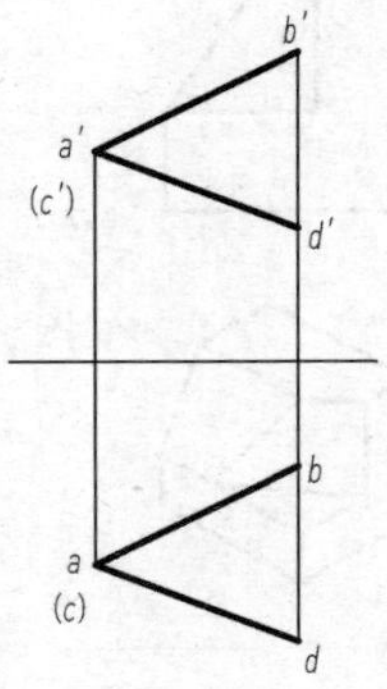

（　　）

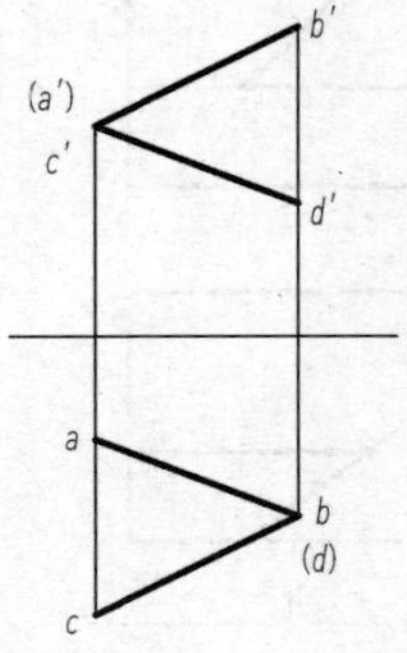

（　　）

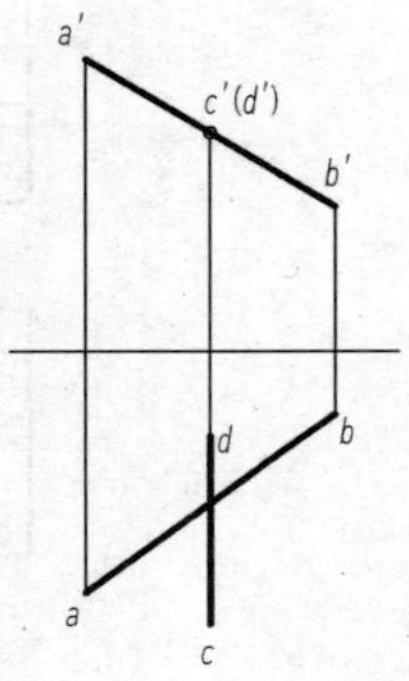

（　　）

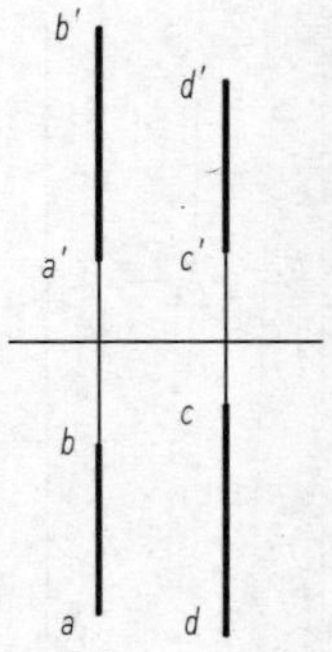

（　　）

（5）用字母标出交叉的两直线重影点的投影。

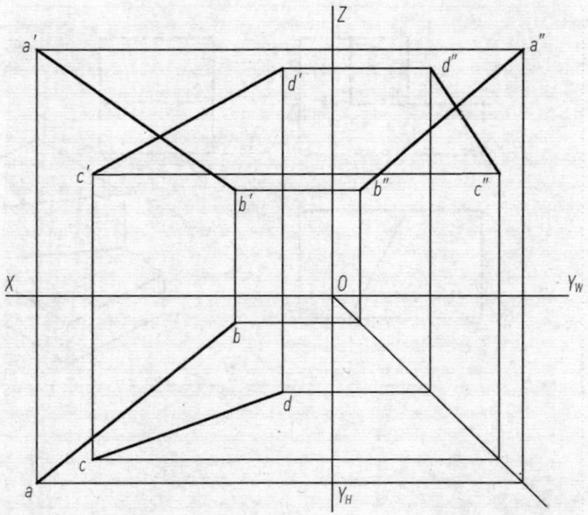

班　级：＿＿＿＿＿＿　　姓　名：＿＿＿＿＿＿　　学　号：＿＿＿＿＿＿

13. 标全物体上指定平面 P、Q、R、S 的三面投影，并指出它们是哪一种位置的平面（一）

(1)

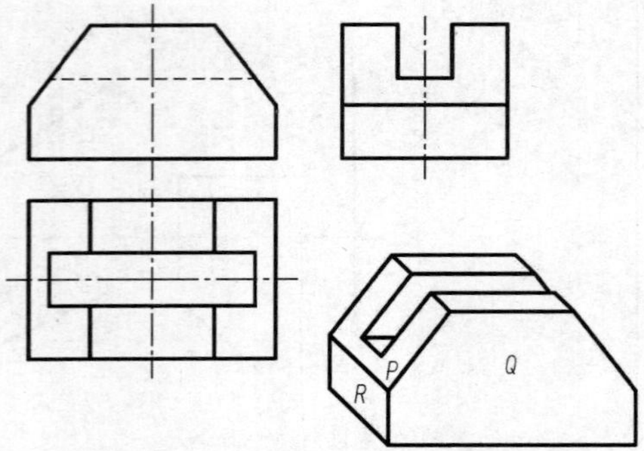

P________，Q________，R________。

(2)

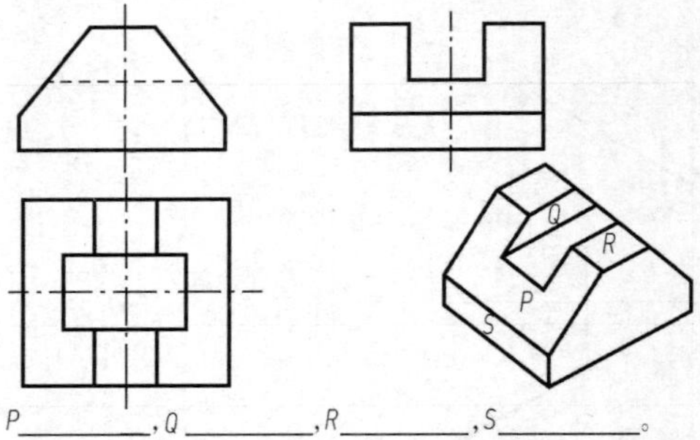

P________，Q________，R________，S________。

(3)

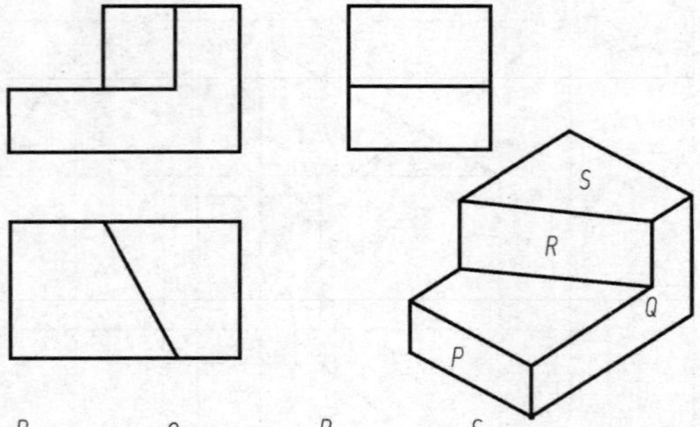

P________，Q________，R________，S________。

(4)

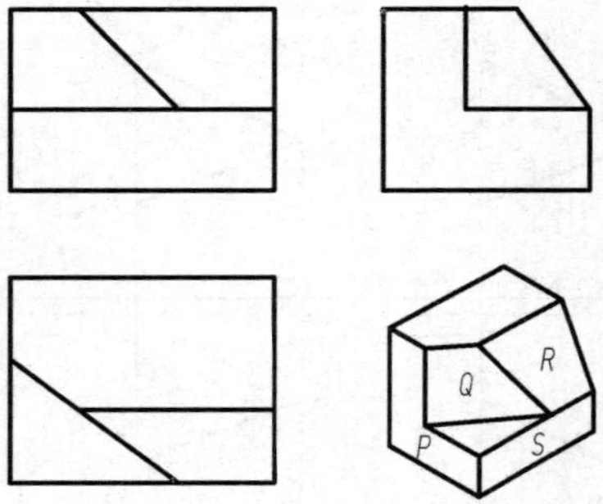

P________，Q________，R________，S________。

班　级：________　　姓　名：________　　学　号：________

14. 标全物体上指定平面的三面投影，并指出它们为哪一种位置的平面（二）

（1）求作平面 *ABC* 的第三面投影，并判断该平面的空间位置。

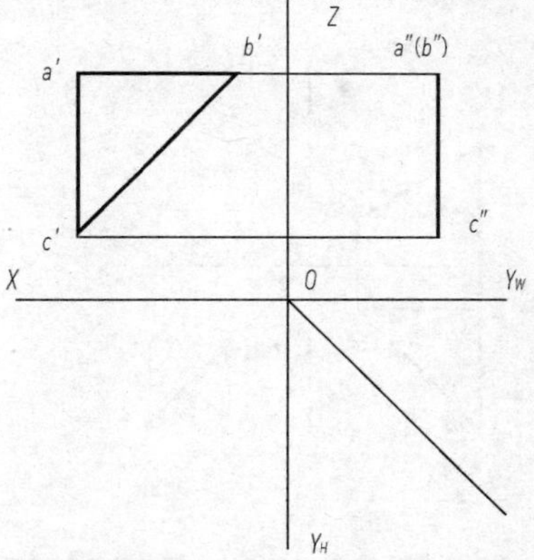

ABC 平面是________面

（2）求作平面 *ABCDEF* 的第三面投影，并判断该平面的空间位置。

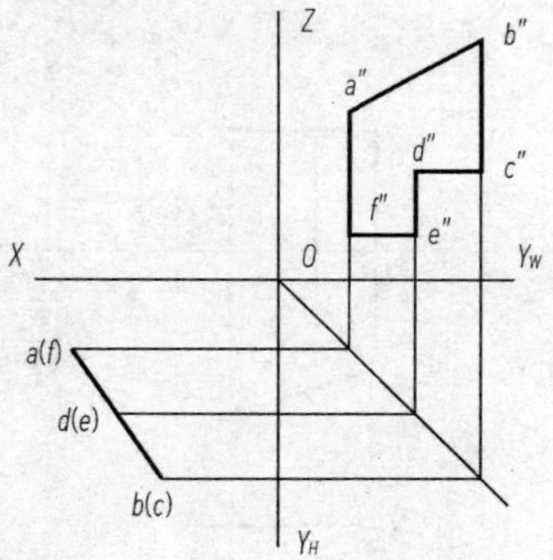

ABCDEF 平面是________面

（3）求平面 *ABCD* 上点 *K* 的水平投影。

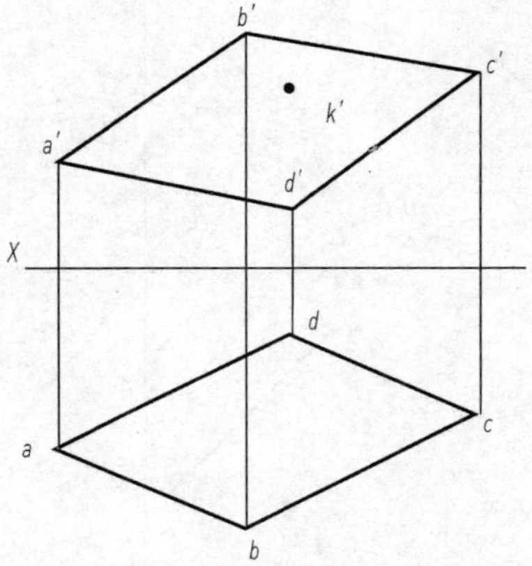

（4）补全五边形的正面投影。

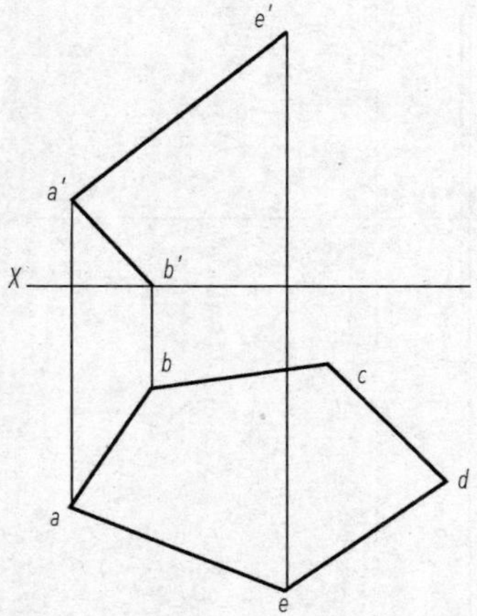

班 级：________ 姓 名：________ 学 号：________

15. 平面的投影（一）

（1）已知平面 *ABC* 的两面投影，求其第三面投影，并判断平面对投影面的位置。

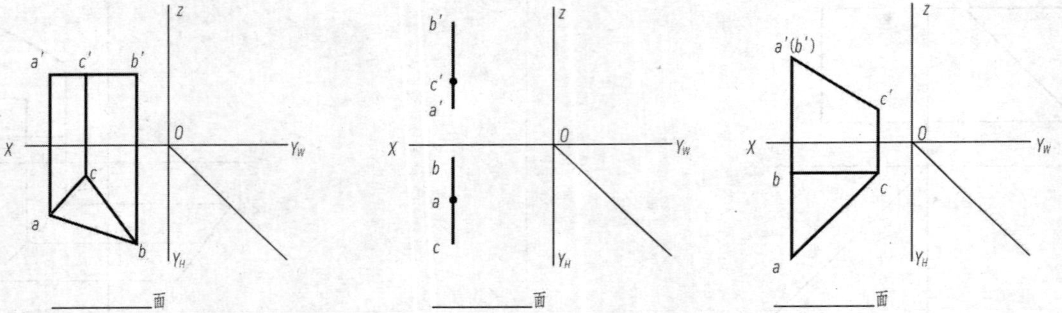

（2）求铅垂面的 *W* 面投影。

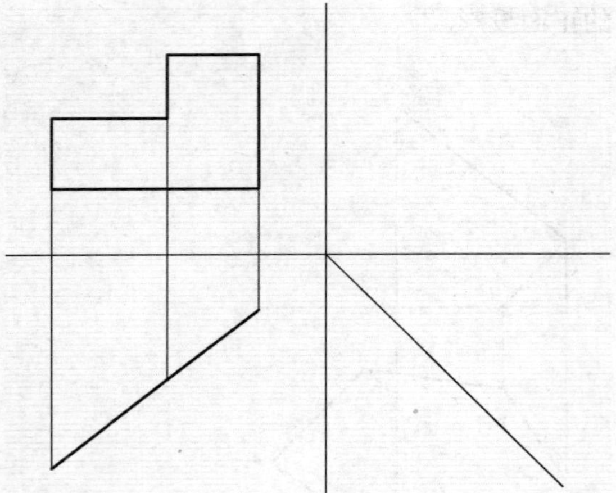

（3）根据投影面垂直面的积聚性投影，求另两面投影（平面形状自定）。

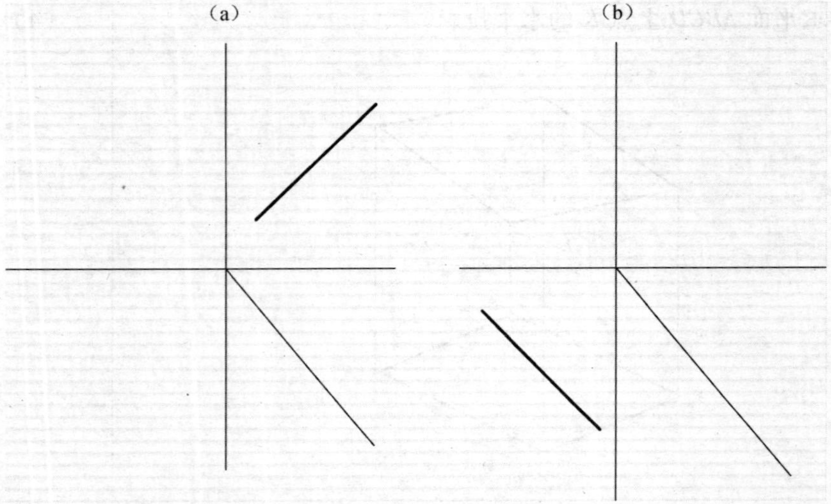

班　级：________　　姓　名：________　　学　号：________

16. 平面的投影（二）

（1）已知点 K 属于△ABC 平面，完成△ABC 的正面投影。

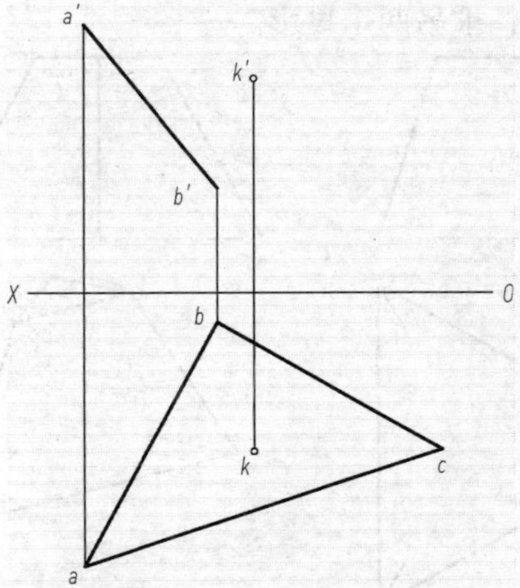

（2）完成带缺口的正四棱锥的 H 面和 W 面的投影。

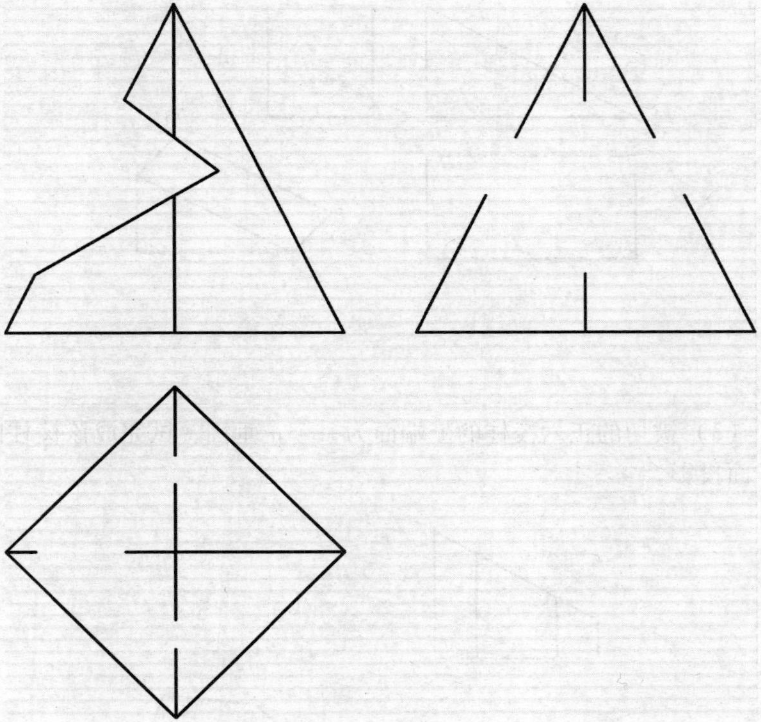

（3）在△ABC 内作距离 V 面为 20mm 的正平线。

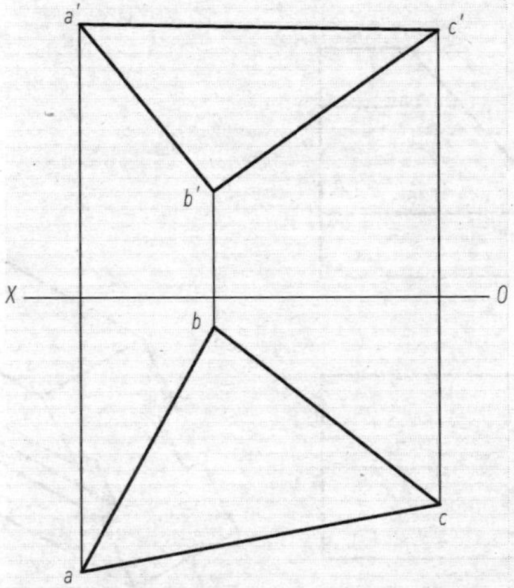

班　级：＿＿＿＿＿＿　　姓　名：＿＿＿＿＿＿　　学　号：＿＿＿＿＿＿

17. 平面的投影（三）

（1）已知点 E 属于 $ABCD$ 平面，求点 E 的另两面投影。

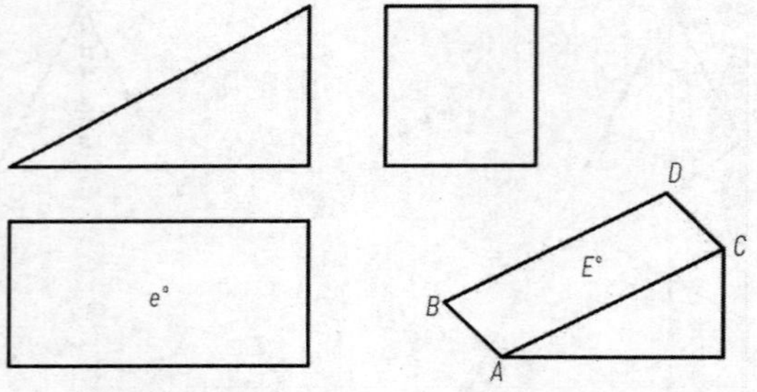

（2）根据主视图、左视图完成俯视图。又已知属于该体表面的点 N 的一面投影，求另两个投影。

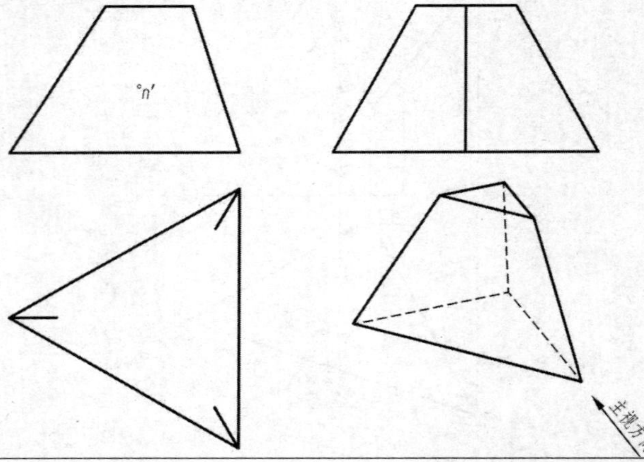

（3）被切的正六棱柱的上端面为一个正垂面，试完成该棱柱的 W 面投影。

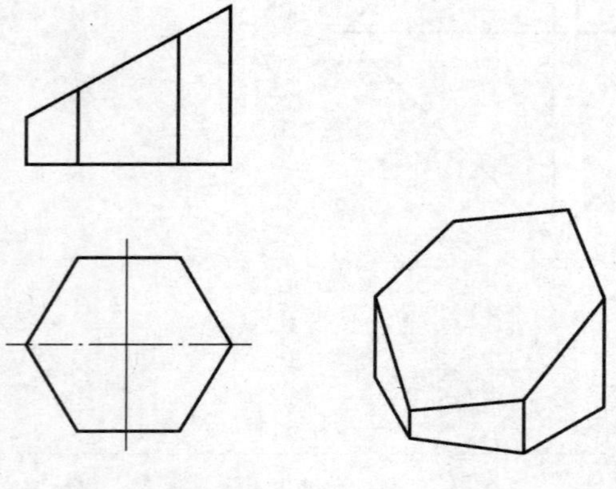

（4）被切的“工”字形棱柱左端面为一个正垂面，试完成该棱柱的 H 面投影。

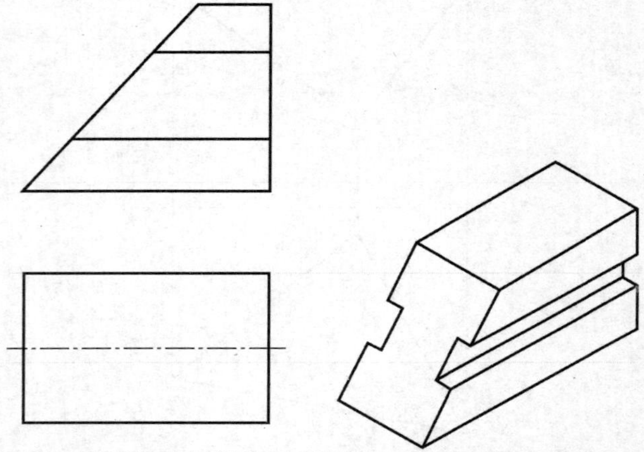

班　级：________　　姓　名：________　　学　号：________

项目三　基本立体及其表面交线的投影作图

1. 已知立体表面上一个点的一个投影，求作它的另外两个投影（一）

(1)

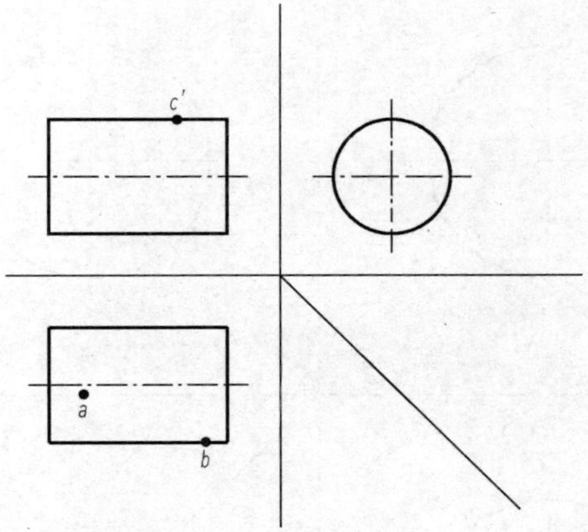

(2)

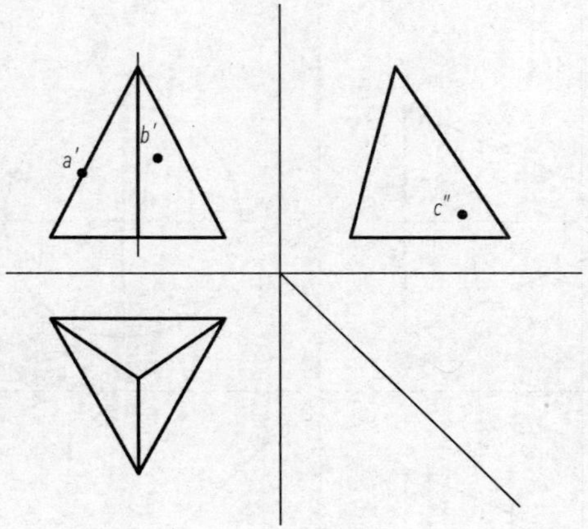

(3)

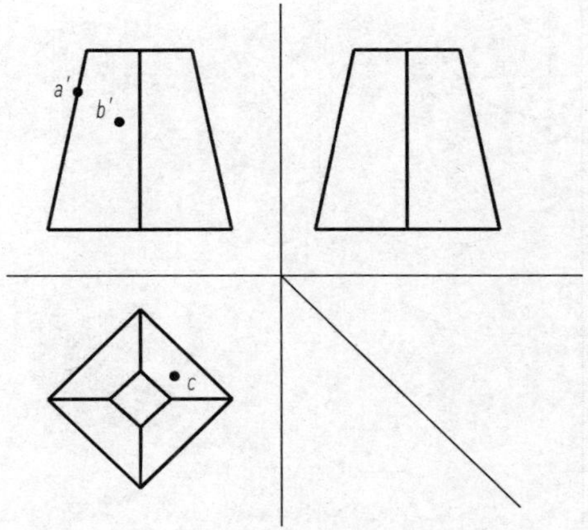

(4)

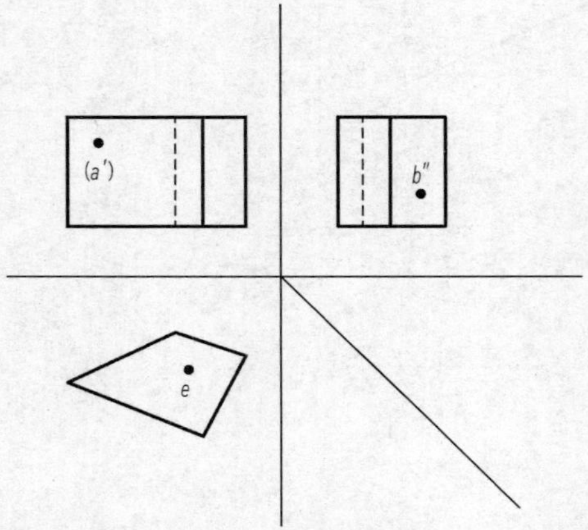

班　级：＿＿＿＿＿＿　　姓　名：＿＿＿＿＿＿　　学　号：＿＿＿＿＿＿

2. 已知立体表面上一个点的一个投影，求作它的另外两个投影（二）

(5)

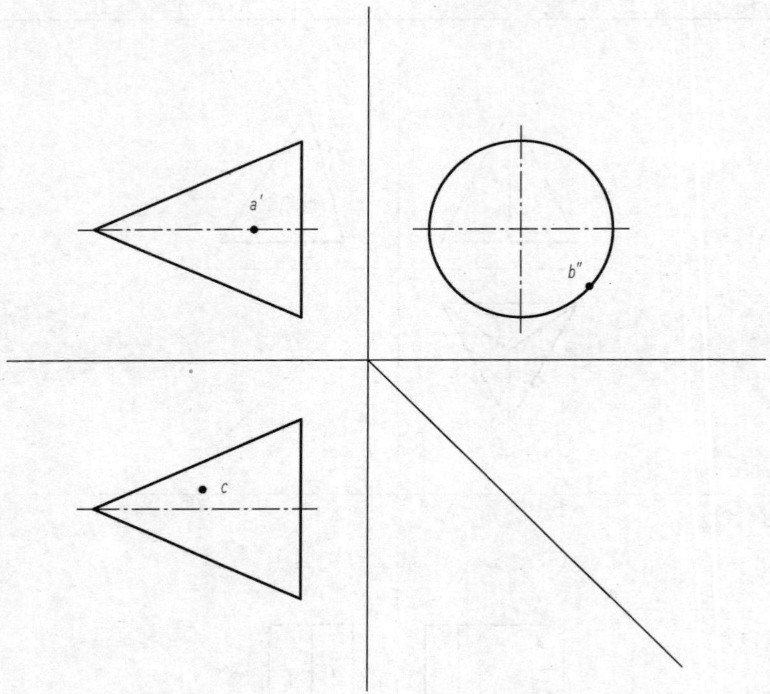

(6)

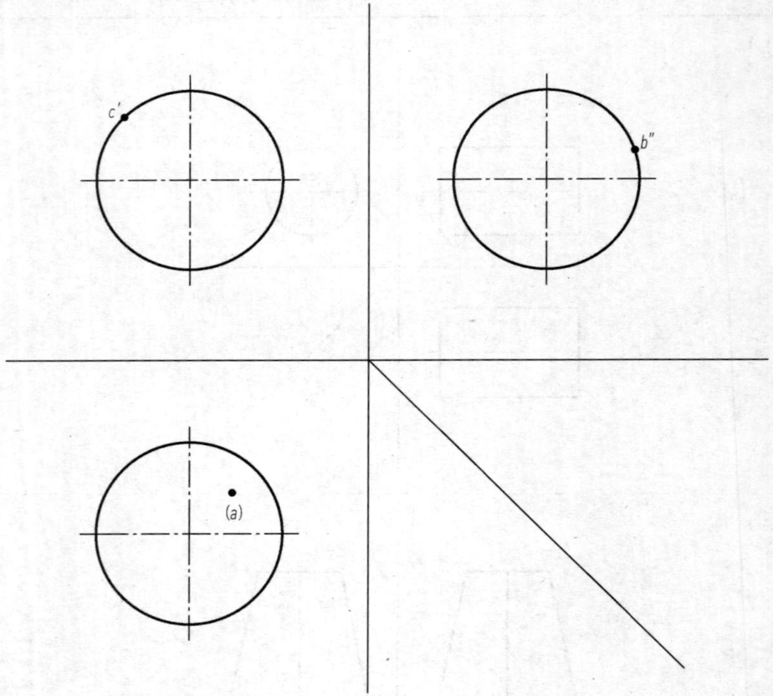

班 级：________ 姓 名：________ 学 号：________

3. 已知立体的两面投影，求第三面投影并作立体上点的两面投影

(1)

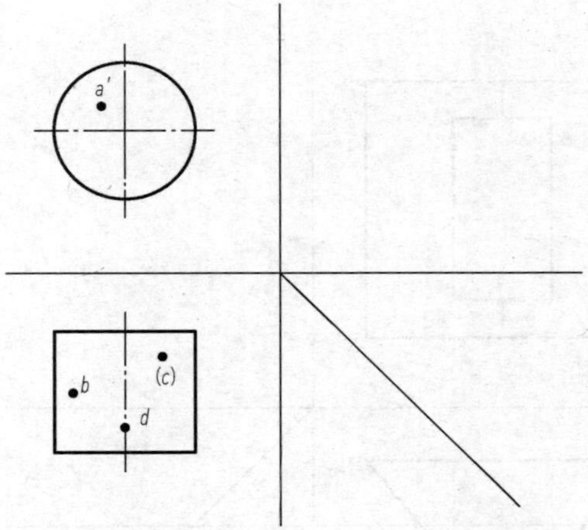

(2)

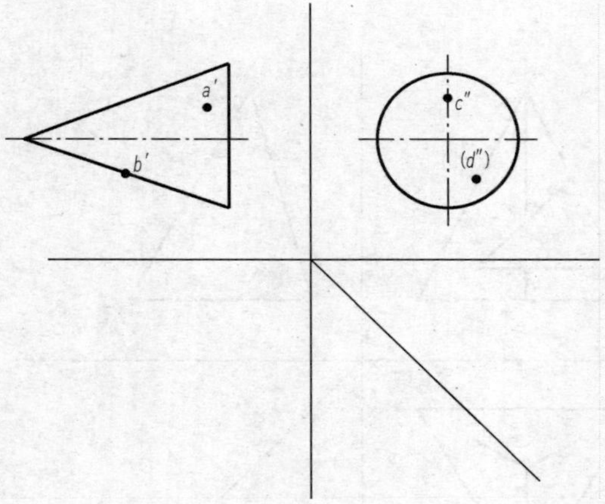

(3)

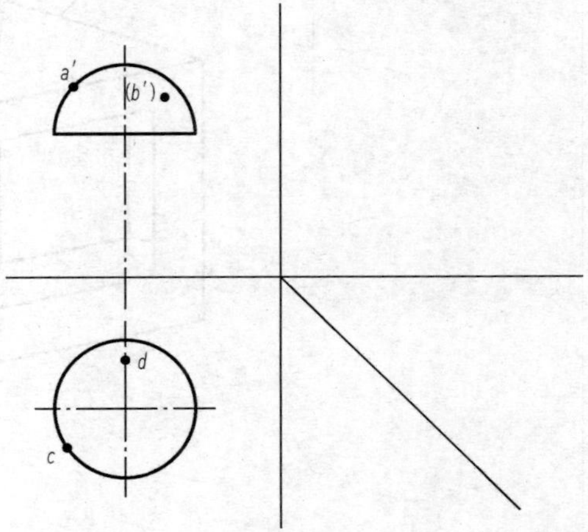

(4)

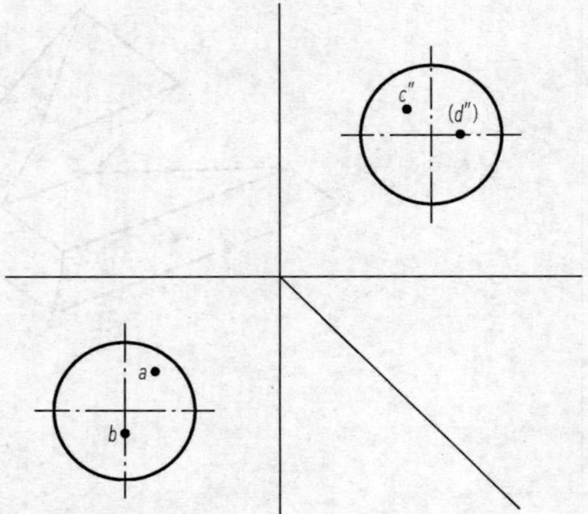

班　级：＿＿＿＿＿＿　　姓　名：＿＿＿＿＿＿　　学　号：＿＿＿＿＿＿

4. 完成下列平面截面体的三面投影（一）

（1）

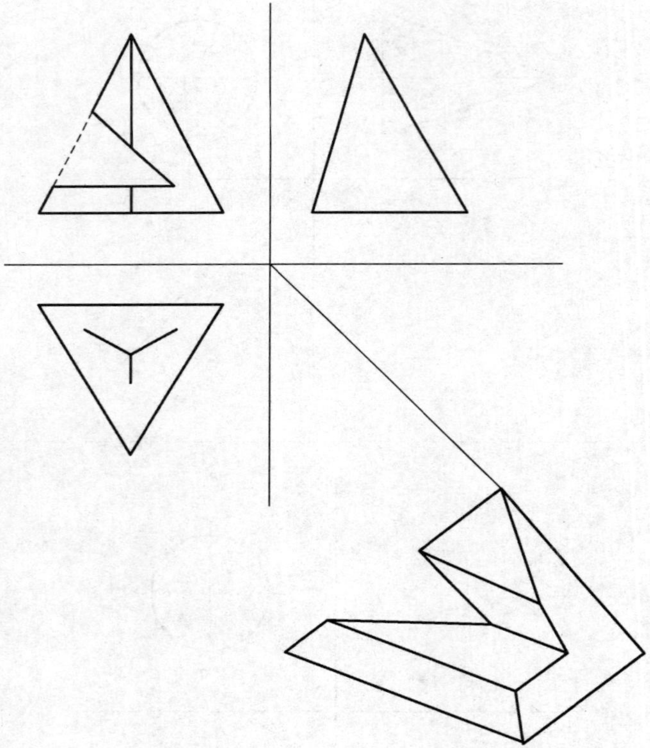

（2）

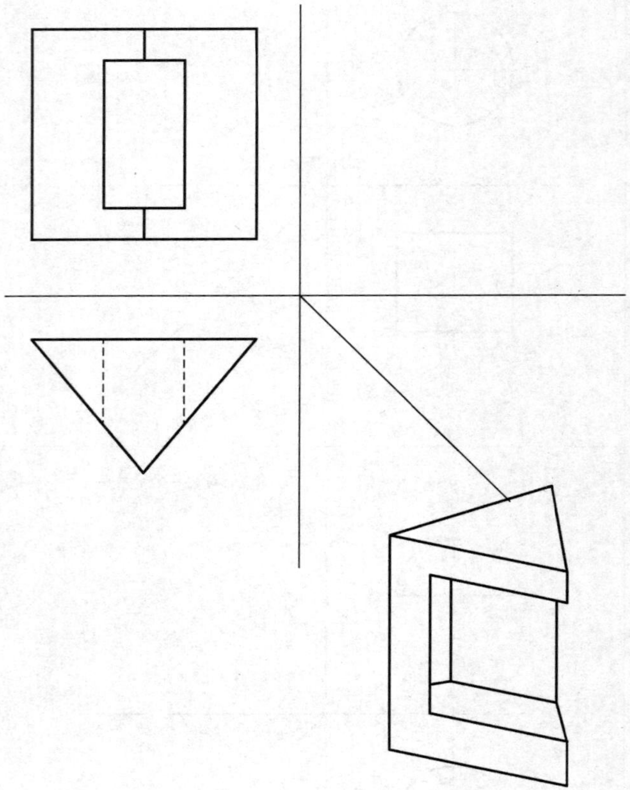

班　级：________　　姓　名：________　　学　号：________

5. 完成下列平面截面体的三面投影（二）

(1)

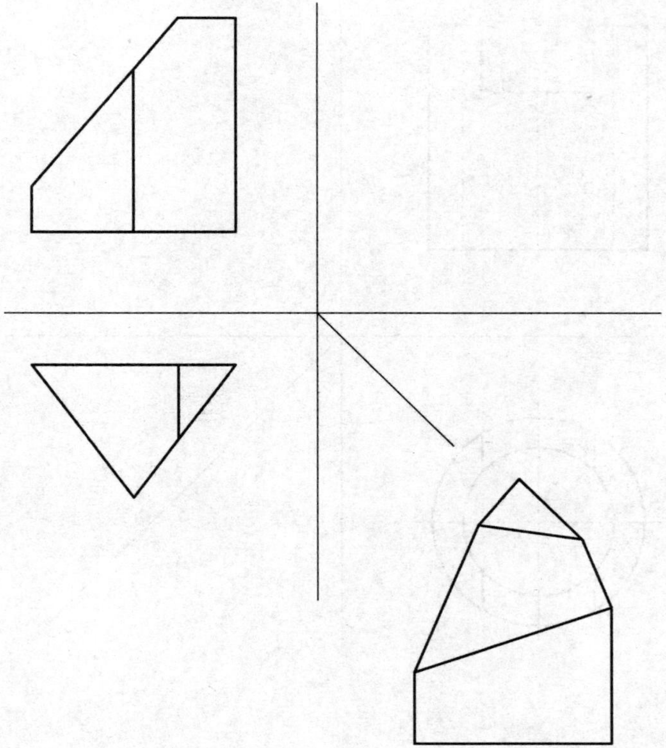

(2)

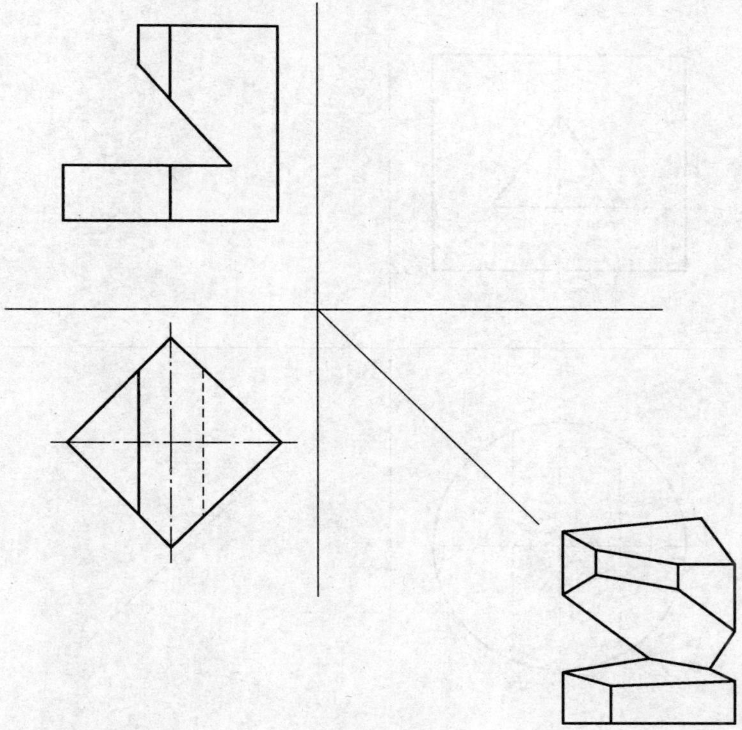

班　级：________　　姓　名：________　　学　号：________

6. 完成下列曲面体的三面投影（一）

(1)

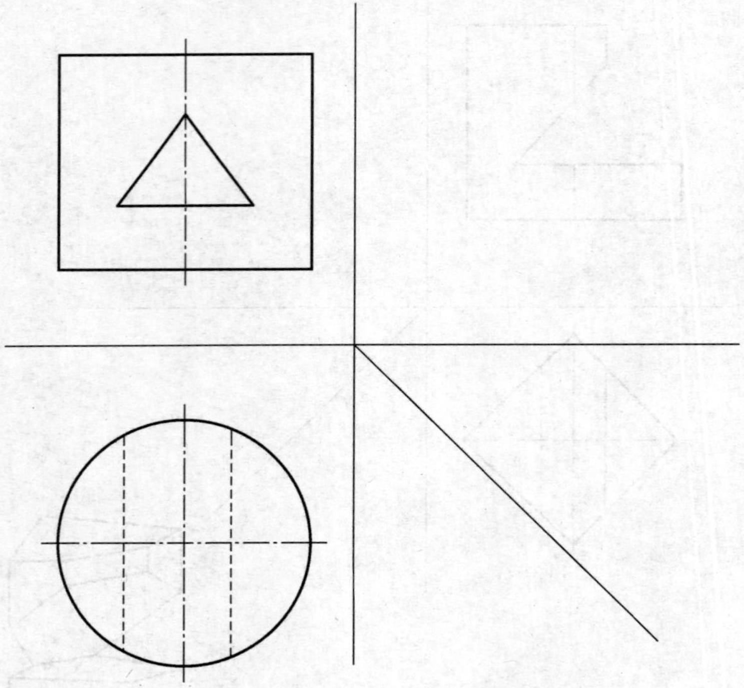

(2)

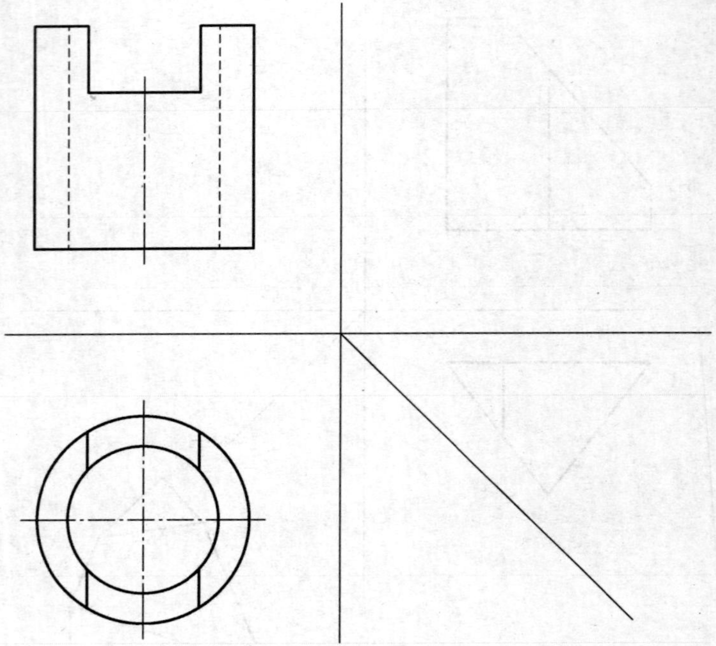

班　级：________　　姓　名：________　　学　号：________

7. 完成面曲面体的三面投影（二）

(1)

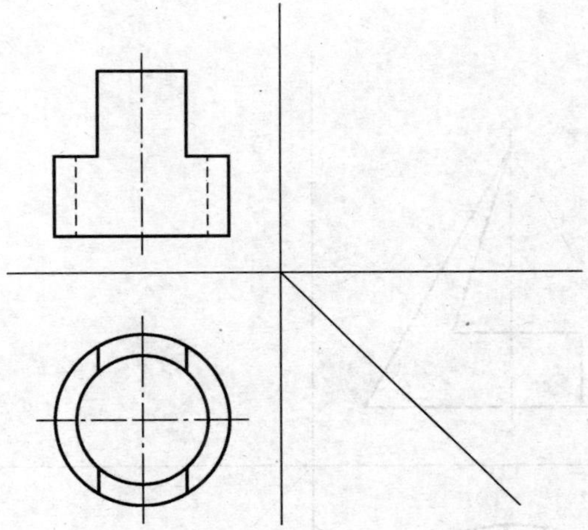

(2)

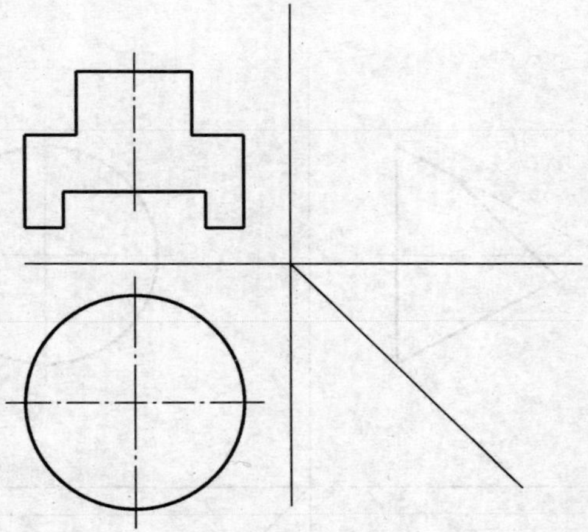

(3)

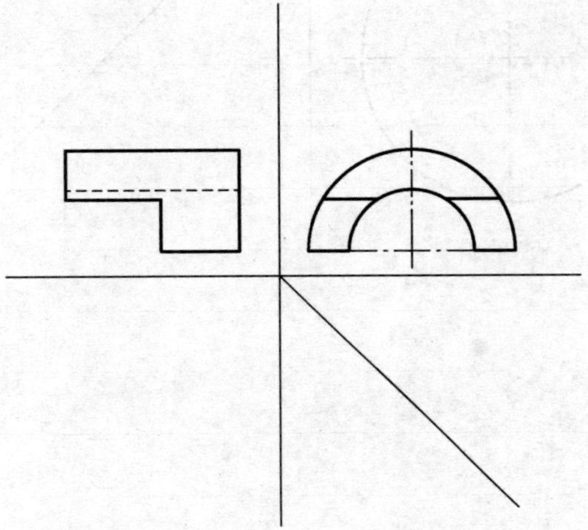

(4)

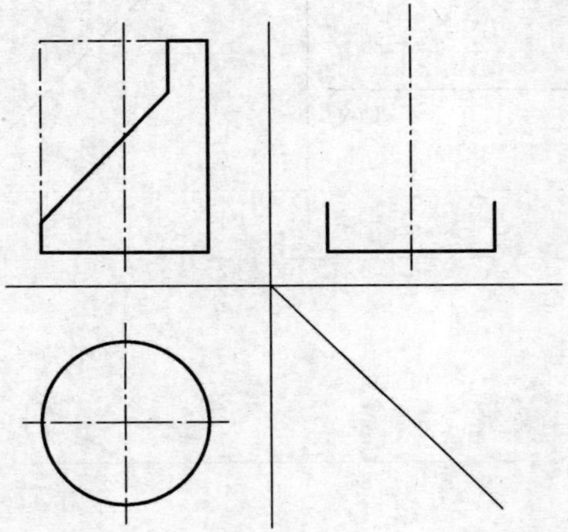

班　级：________　　姓　名：________　　学　号：________

8. 完成下列曲面截断体的三面投影（三）

(1)

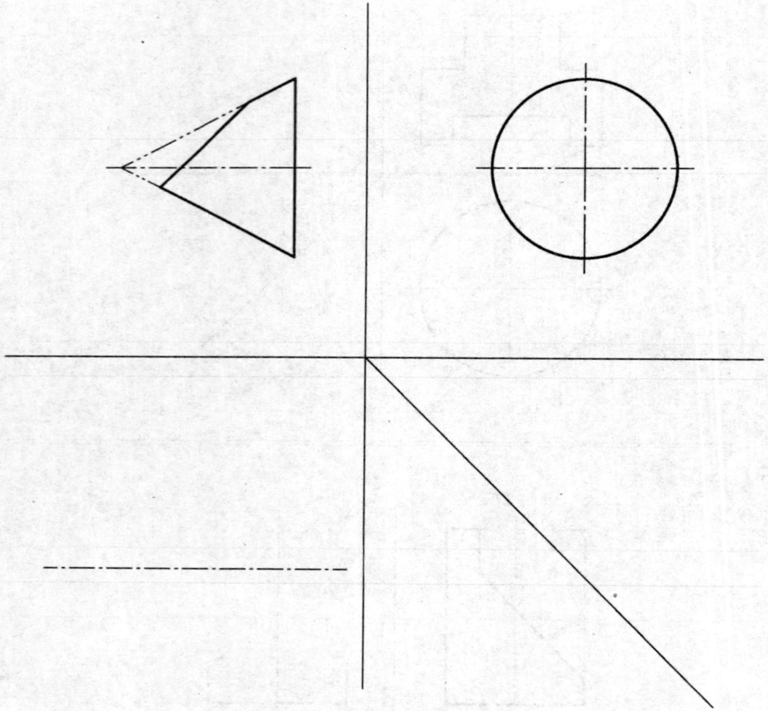

(2)

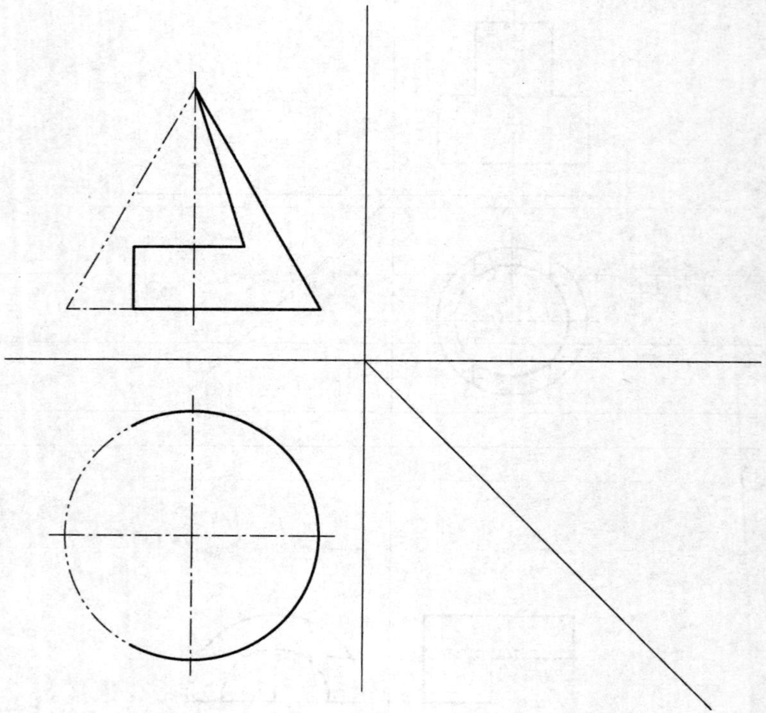

班　级：__________　　姓　名：__________　　学　号：__________

9. 完成下列曲面截断体的三面投影（四）

（1）

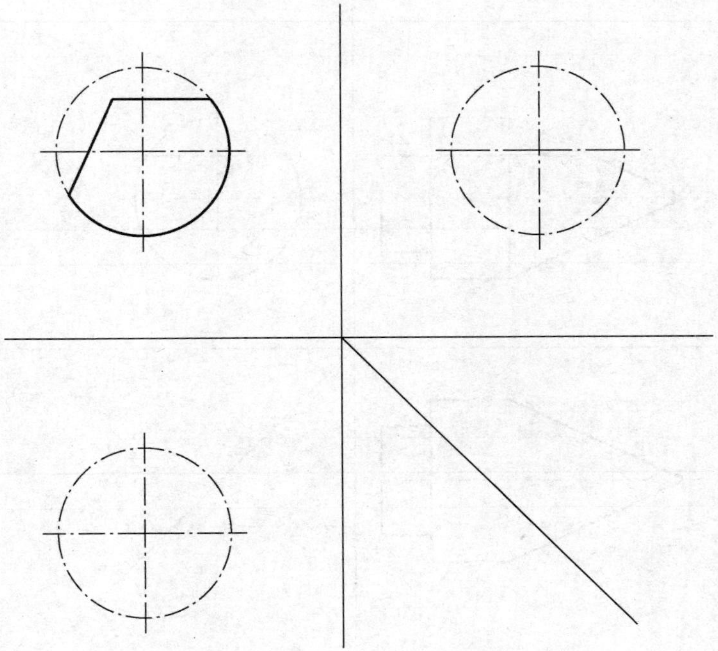

（2）

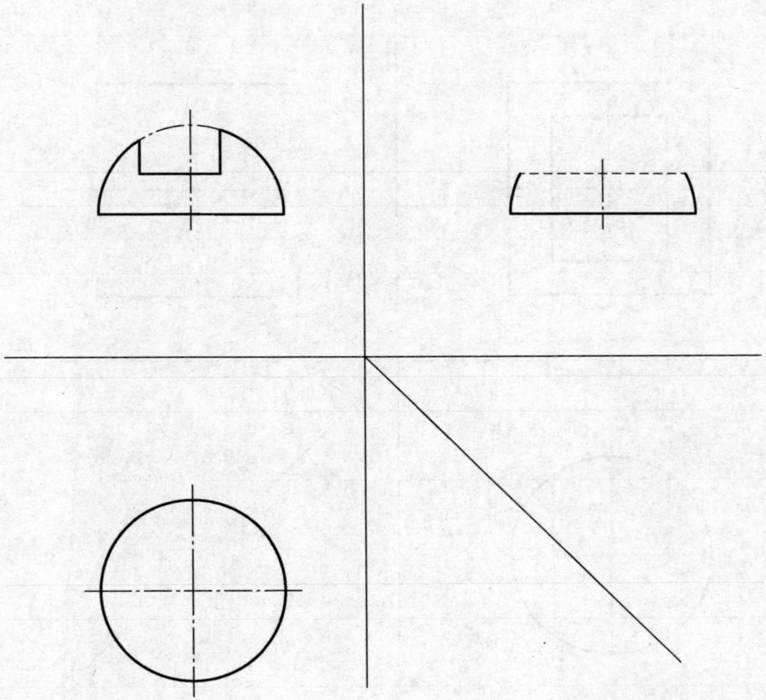

班　级：＿＿＿＿＿＿　　姓　名：＿＿＿＿＿＿　　学　号：＿＿＿＿＿＿

10. 完成下列曲面截断体的三面投影（五）

(1)

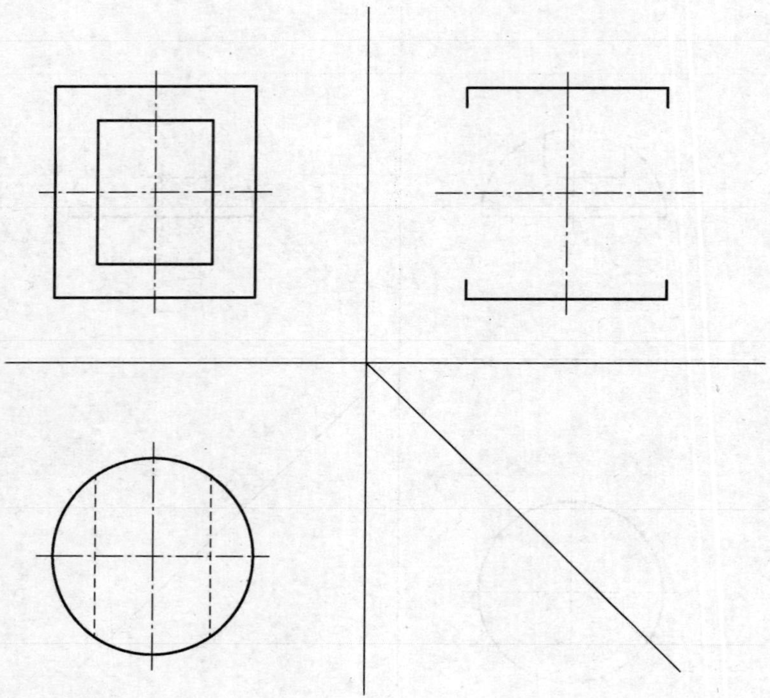

(2)

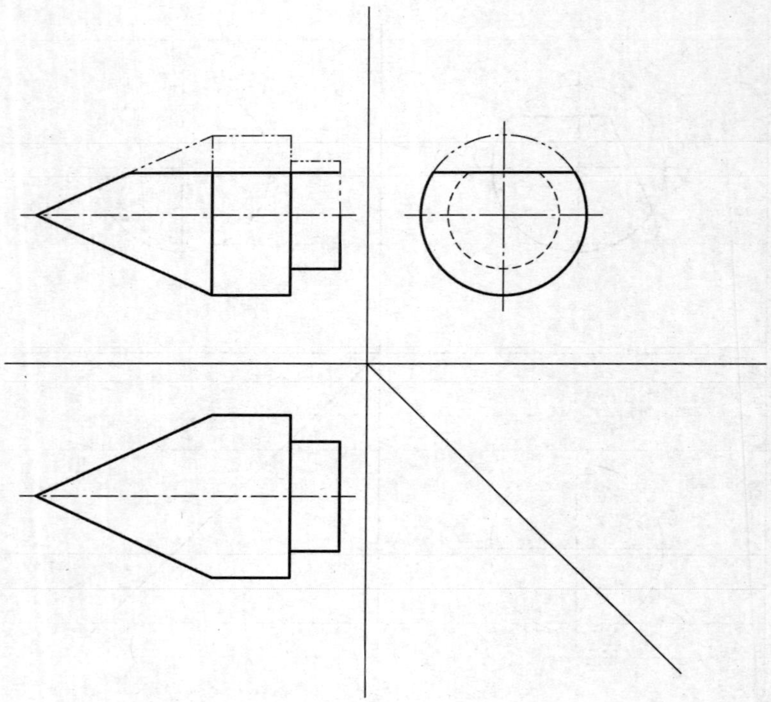

班　级：________　姓　名：________　学　号：________

11. 补画三视图（一）

(1)

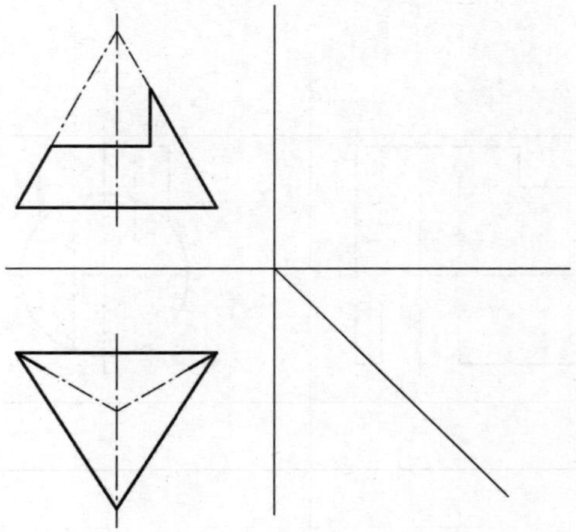

(2)

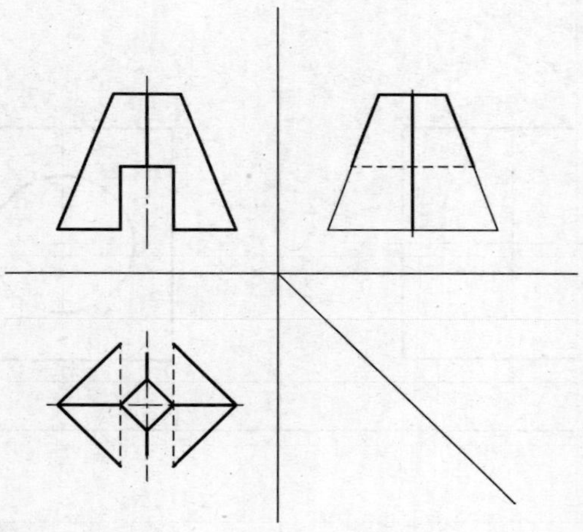

(3)

(4)

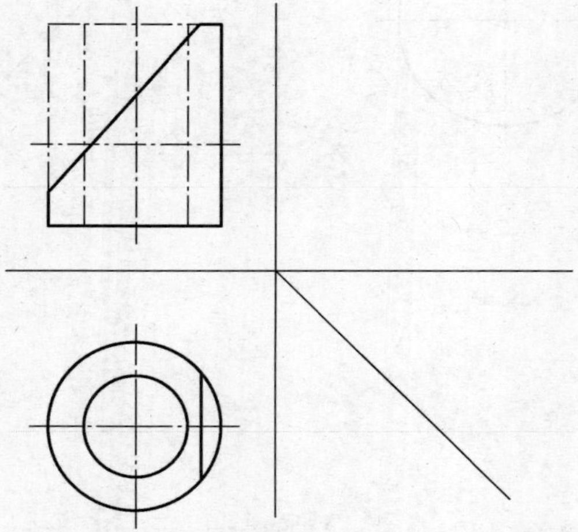

班　级：________　　姓　名：________　　学　号：________

12. 补画三视图（二）

(1)

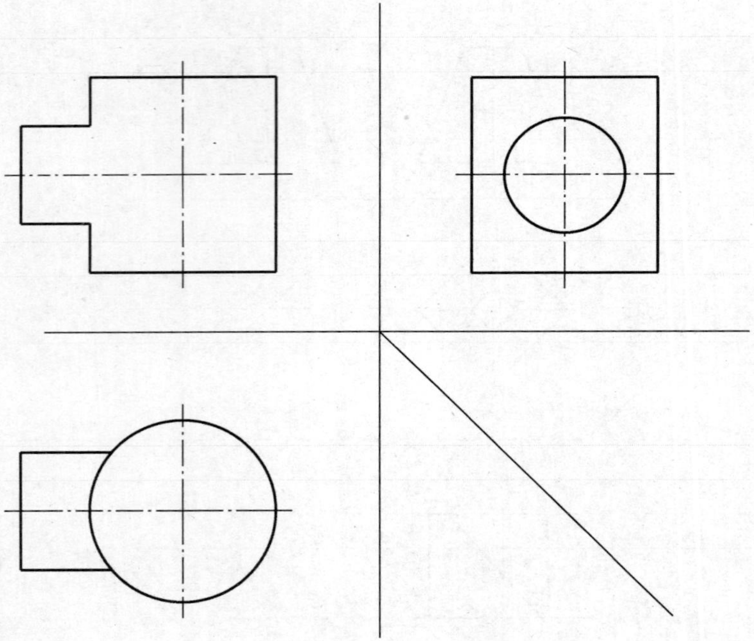

(2)

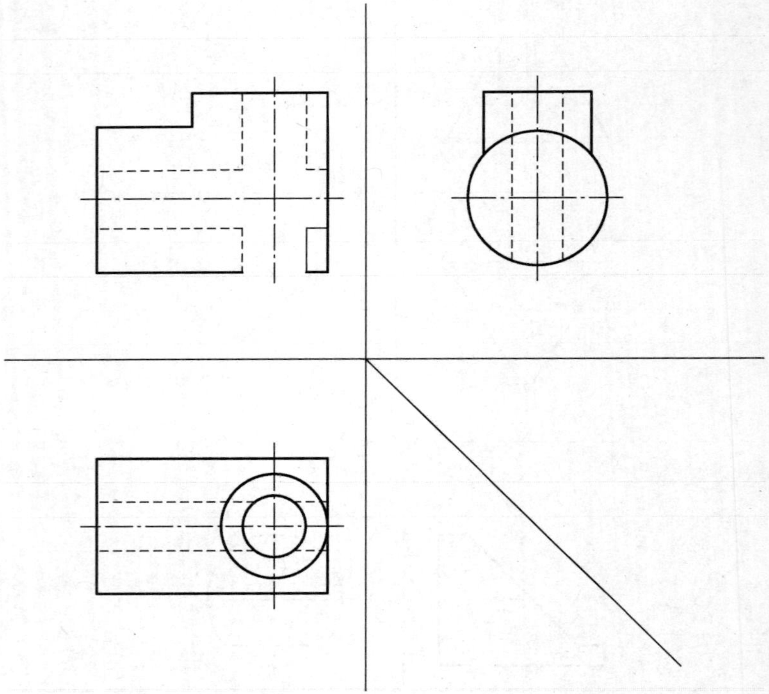

班　级：________　　姓　名：________　　学　号：________

13. 补画三视图（三）

(1)

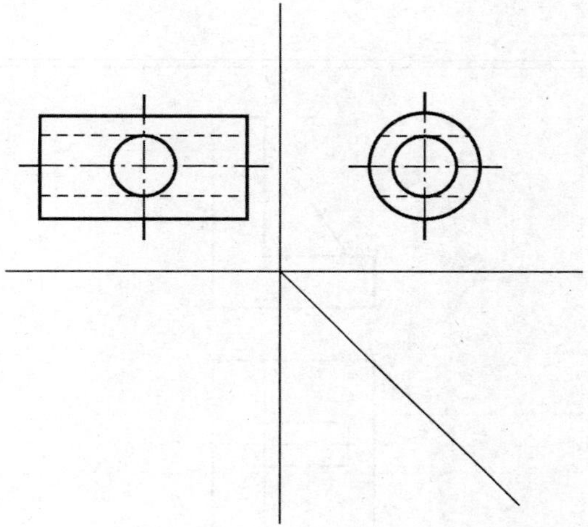

(2)

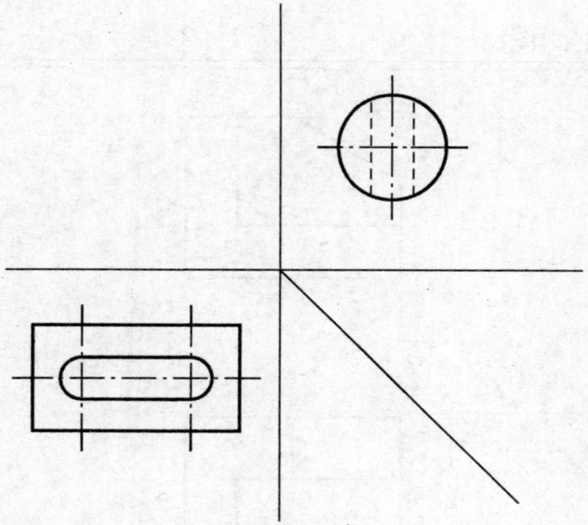

(3)

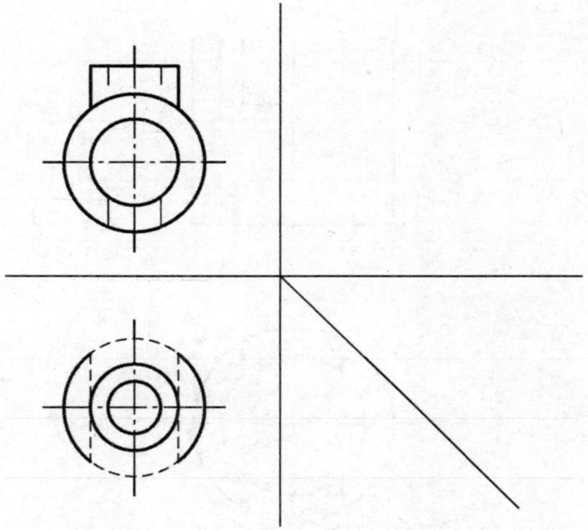

(4)

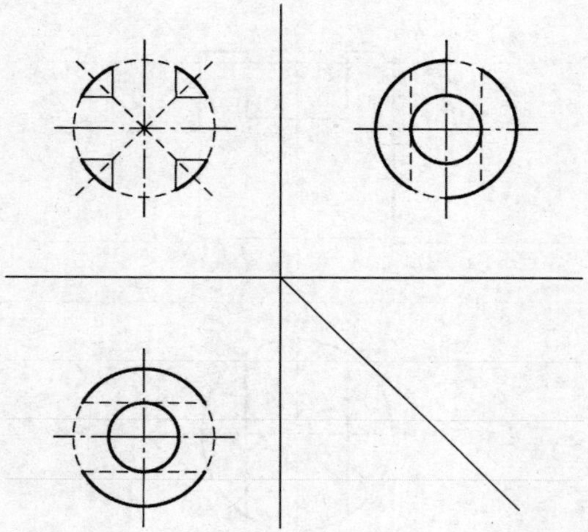

班　级：________　　姓　名：________　　学　号：________

项目四　轴测图

1. 正等轴测图（一）

(1)

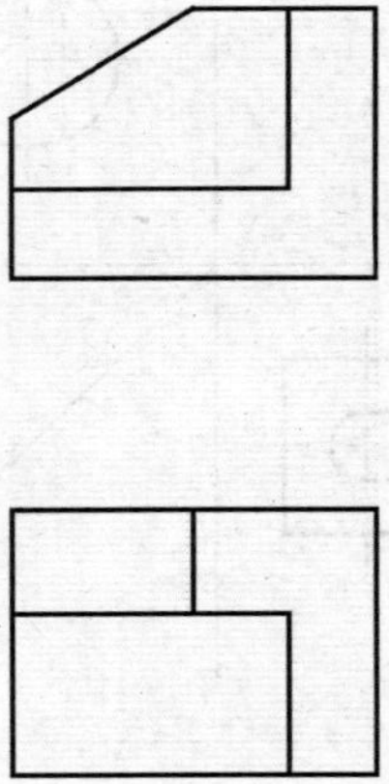

(2)

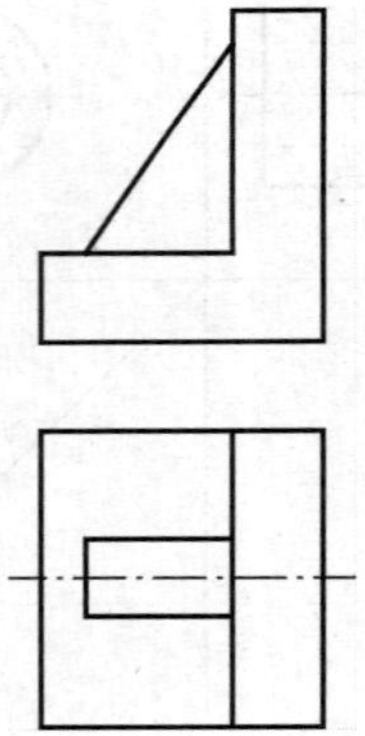

(3)

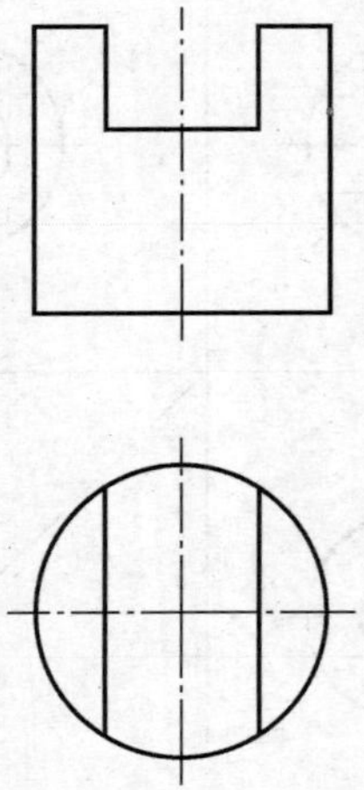

(4)

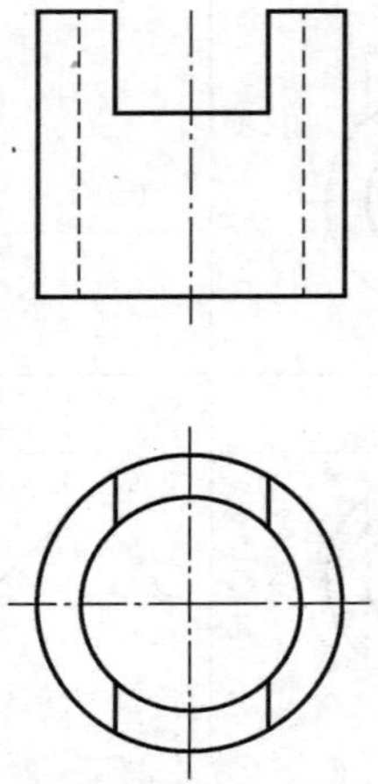

班　级：＿＿＿＿＿＿　　姓　名：＿＿＿＿＿＿　　学　号：＿＿＿＿＿＿

2. 正等轴测图（二）

(1)

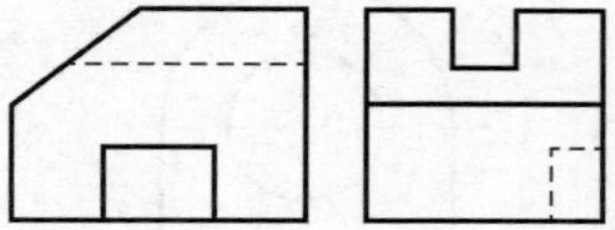

(2)

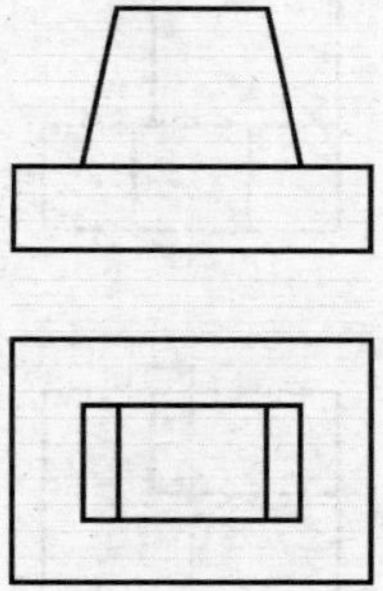

(3)

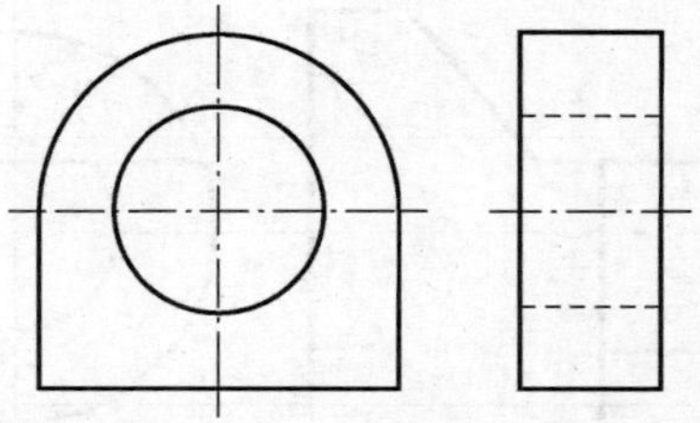

(4)

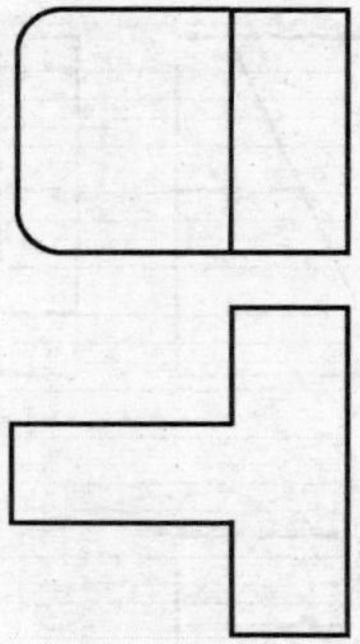

班　级：________　　姓　名：________　　学　号：________

3. 斜二测轴测图

(1)

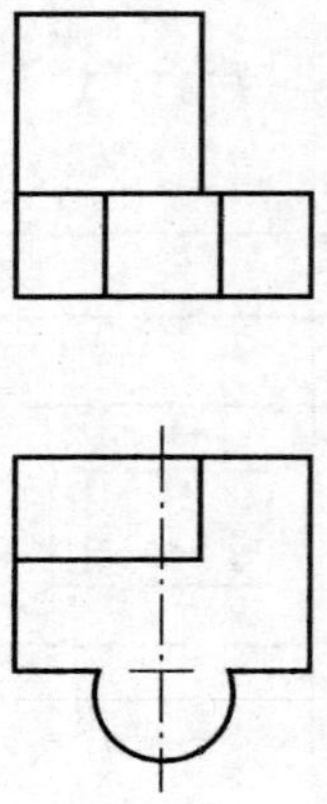

(2)

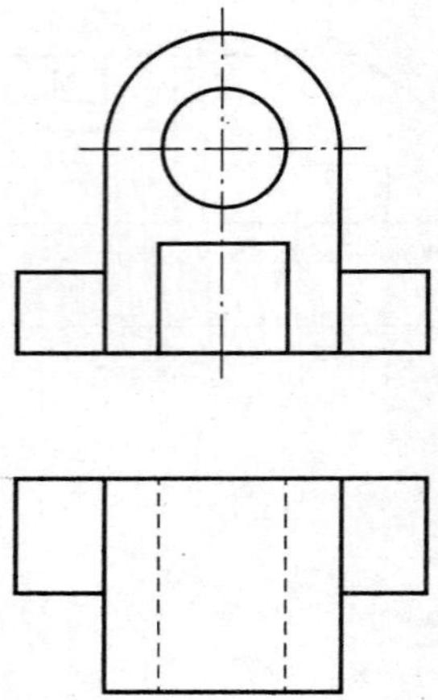

(3)

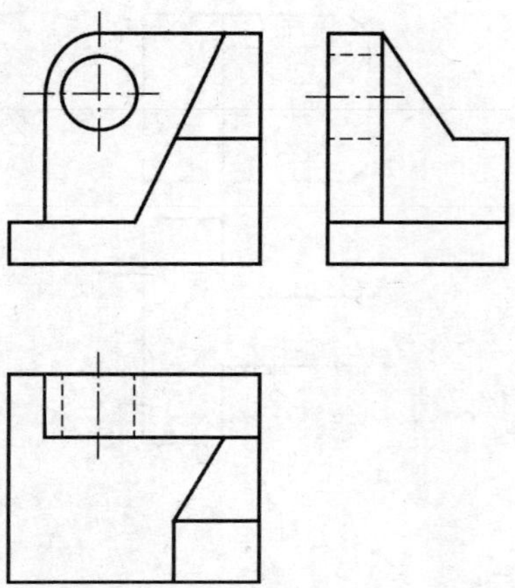

(4)

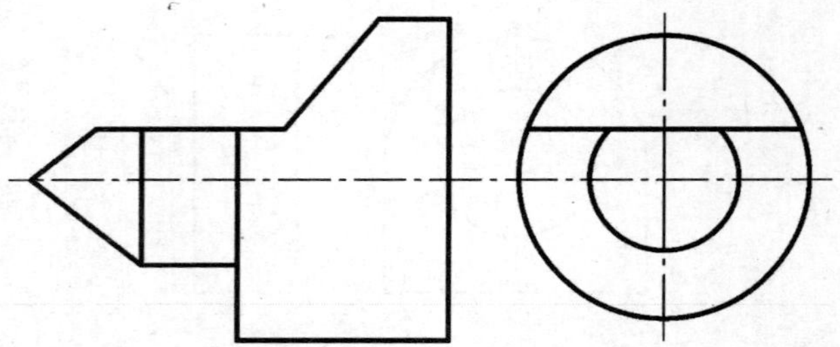

班 级：______ 姓 名：______ 学 号：______

项目五　组合体零件

1. 补全视图中所缺的图线（一）

(1)

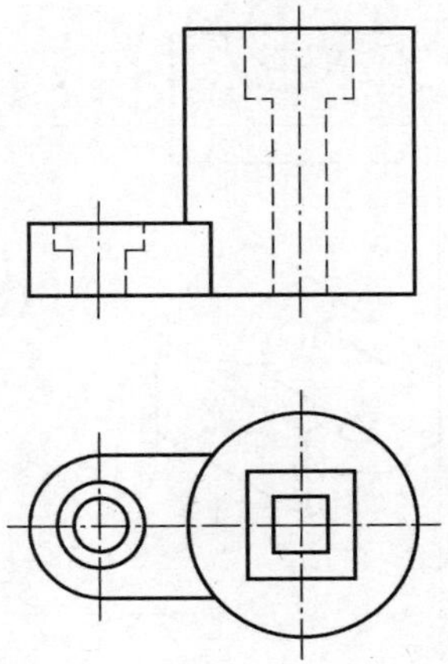

(2)

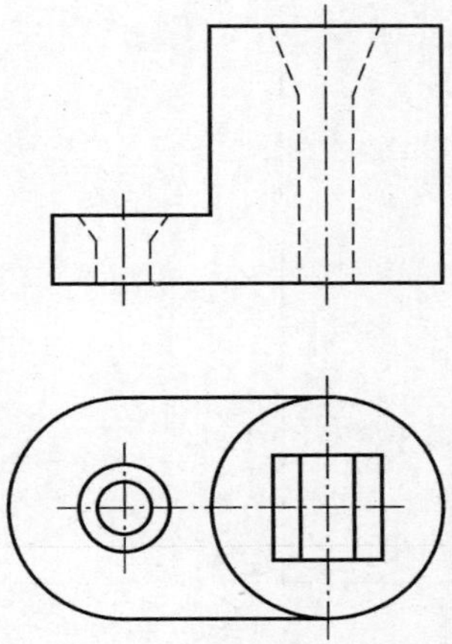

(3)

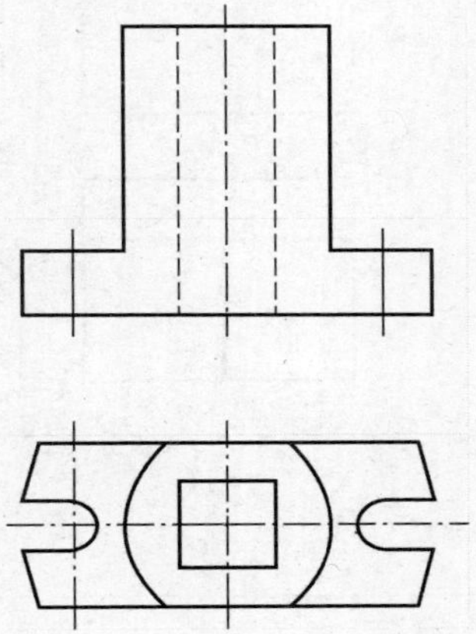

(4)

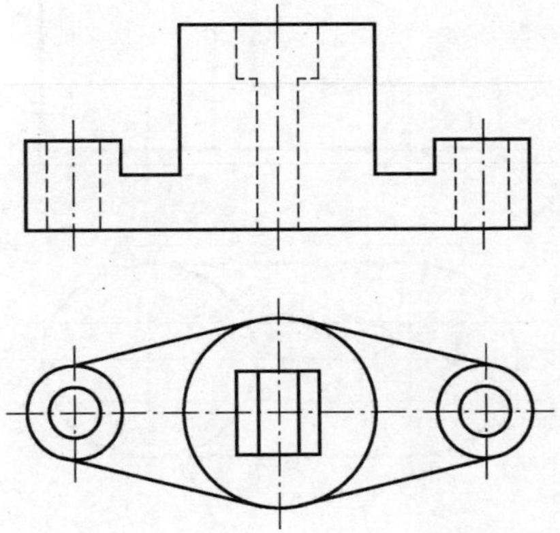

(5)

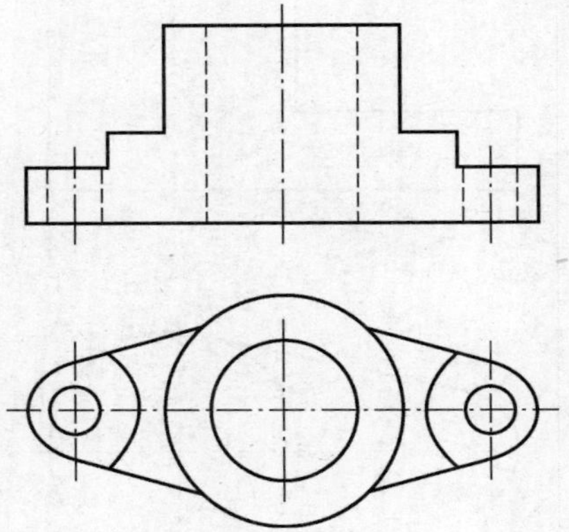

班　级：________　　姓　名：________　　学　号：________

2. 补全视图中所缺的图线（二）

(1)

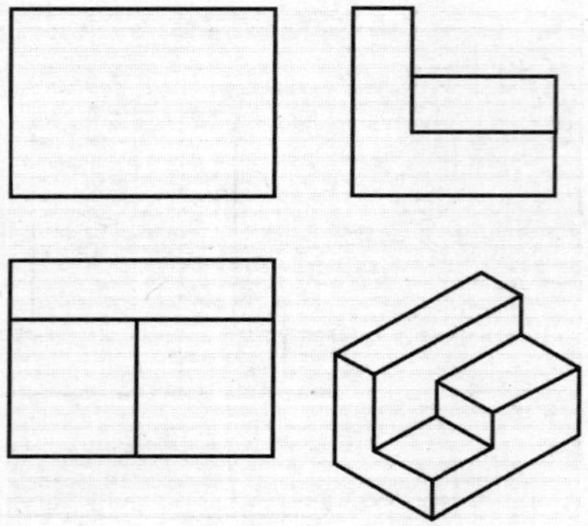

(2)

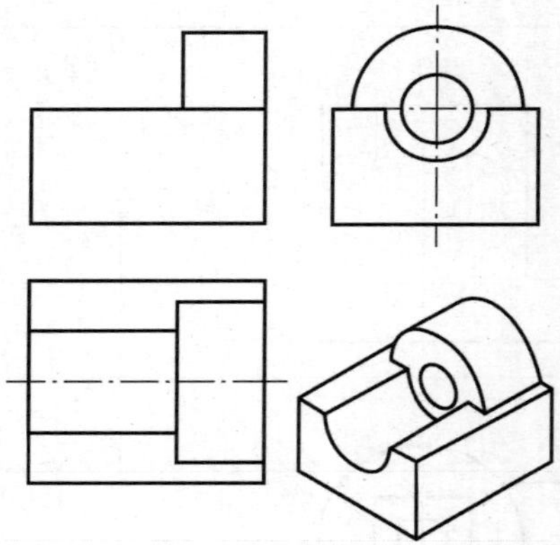

(3)

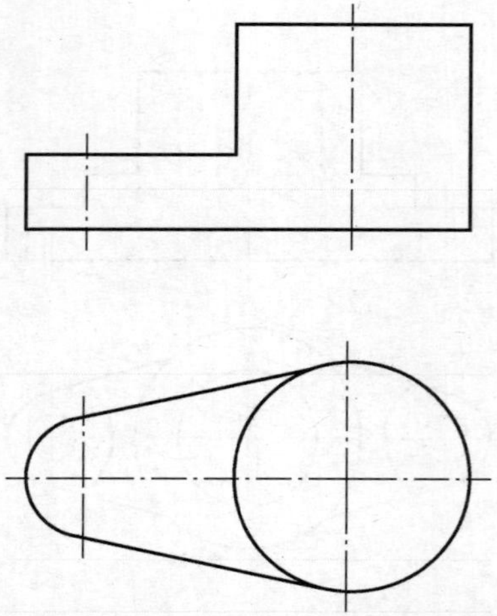

(4)

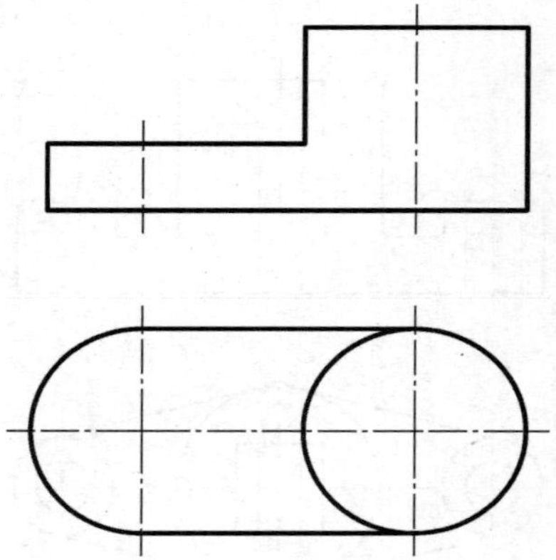

班　级：__________　　姓　名：__________　　学　号：__________

3. 补全视图中所缺的图线（三）

(1)

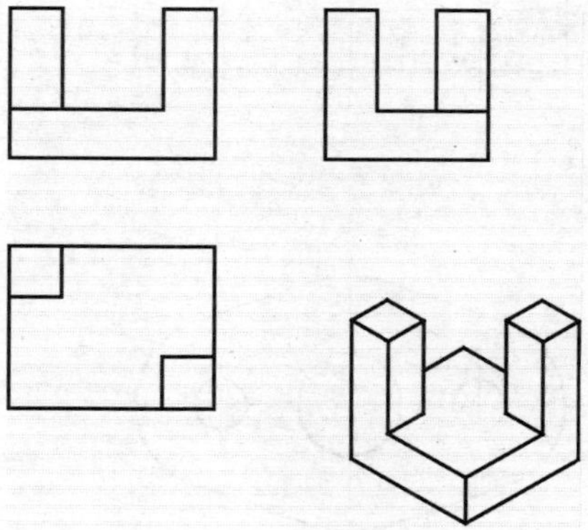

(2)

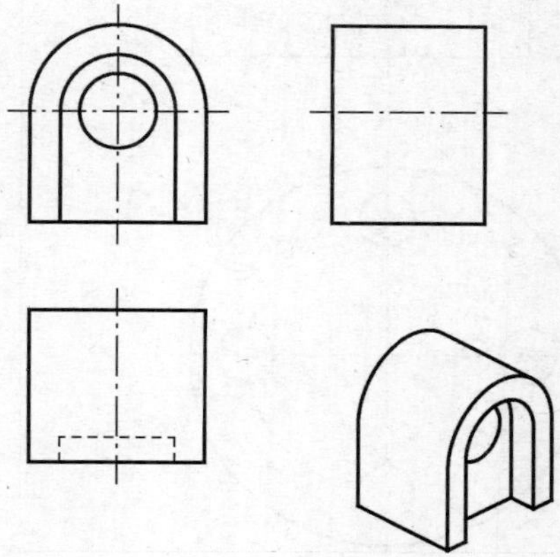

(3)

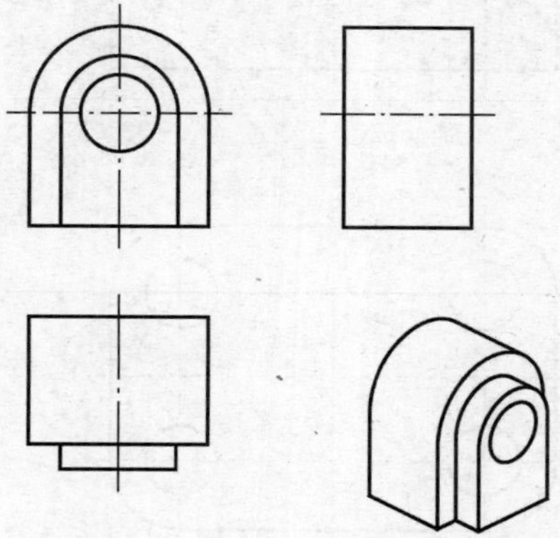

(4)

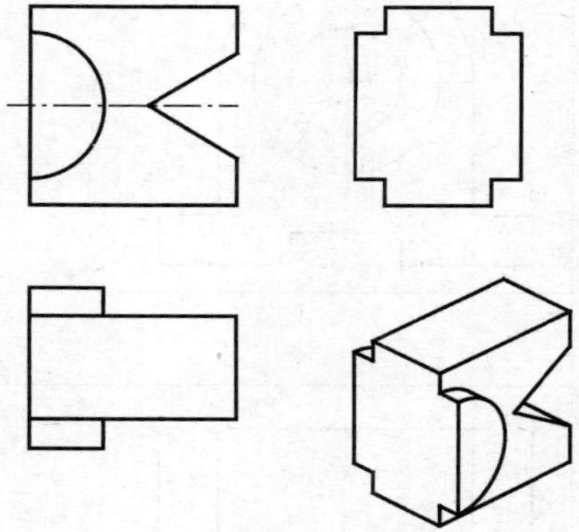

(5)

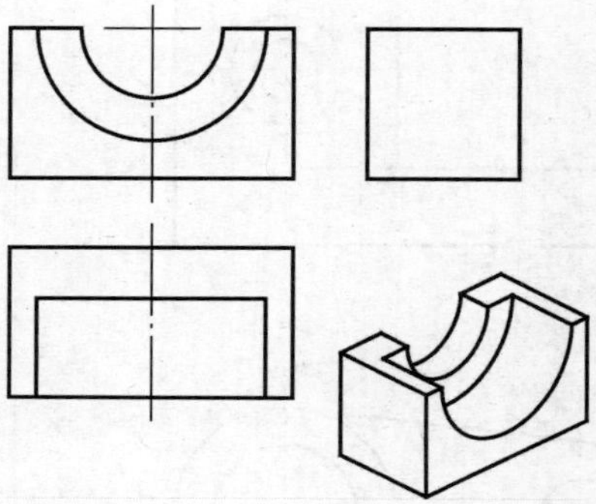

(6)

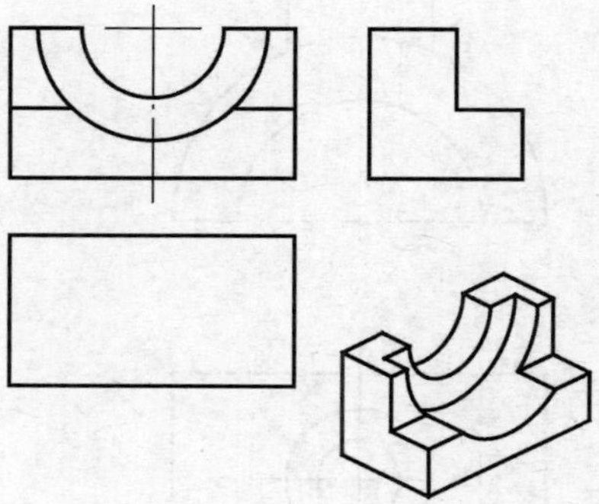

班　级：________　姓　名：________　学　号：________

4. 尺寸标注（实际量出取整）

(1)

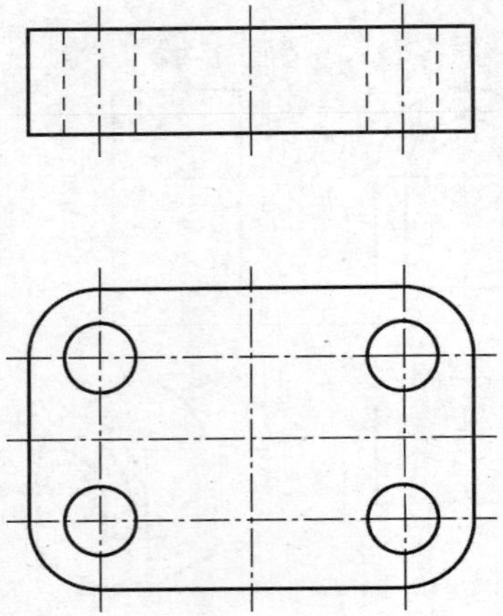

(2)

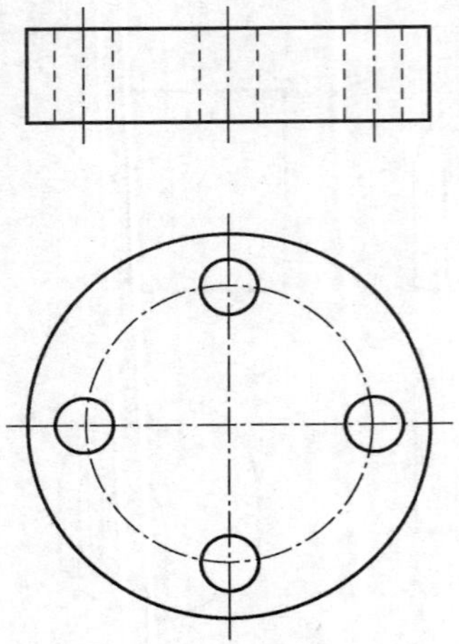

(3)

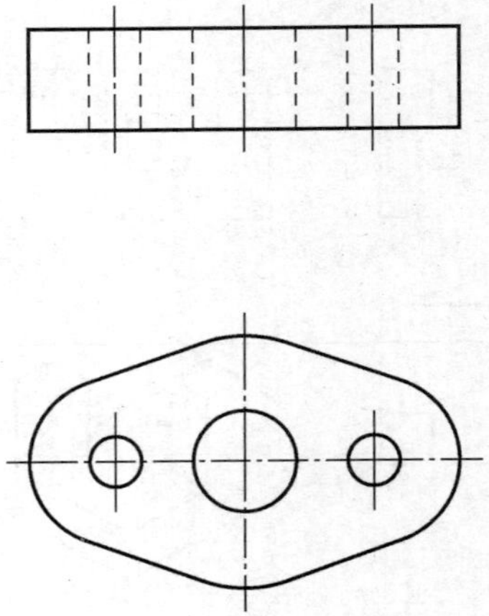

(4)

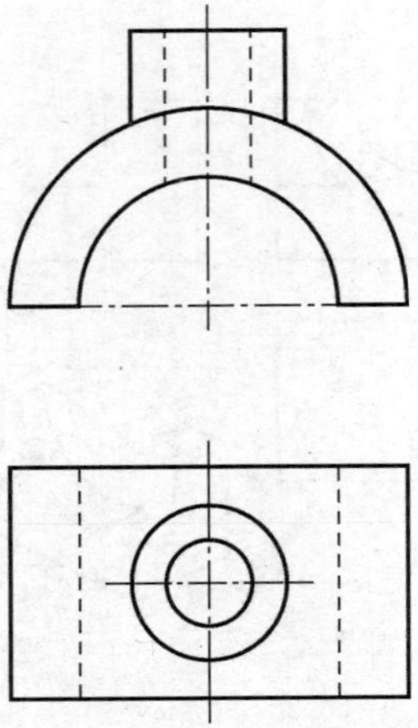

(5)

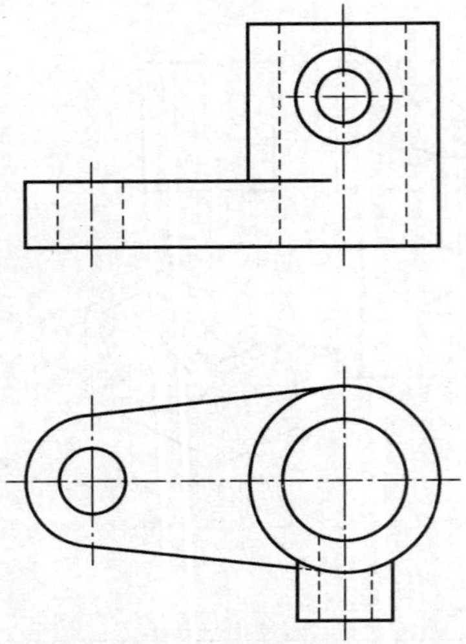

(6)

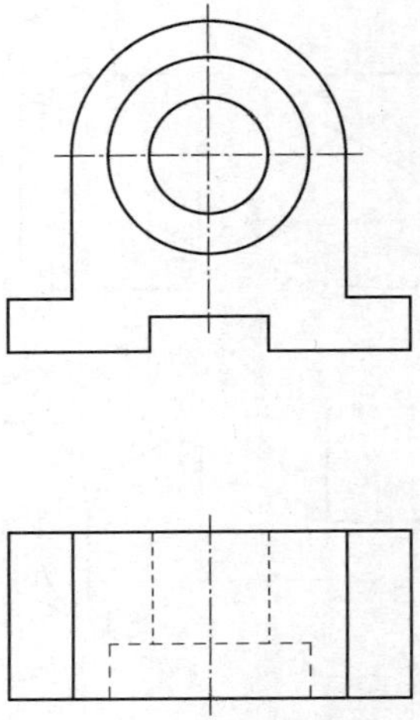

班 级：________ 姓 名：________ 学 号：________

5. 补画左视图

(1) 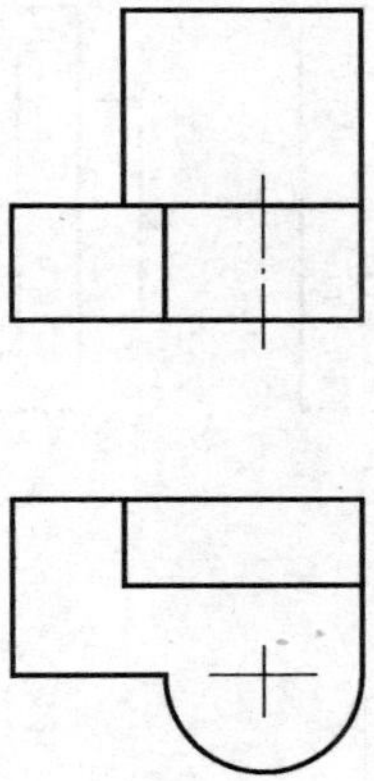	(2) 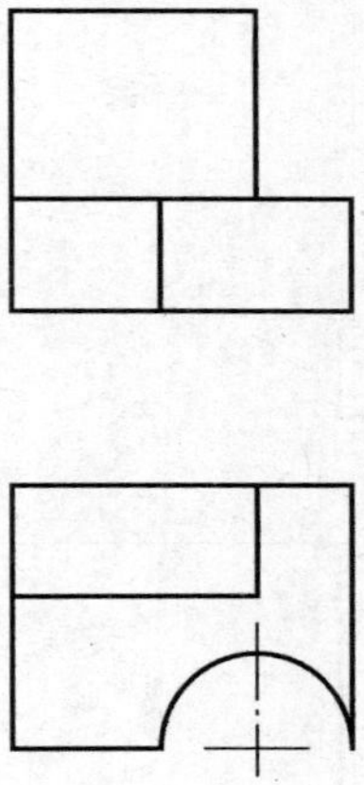	(3) 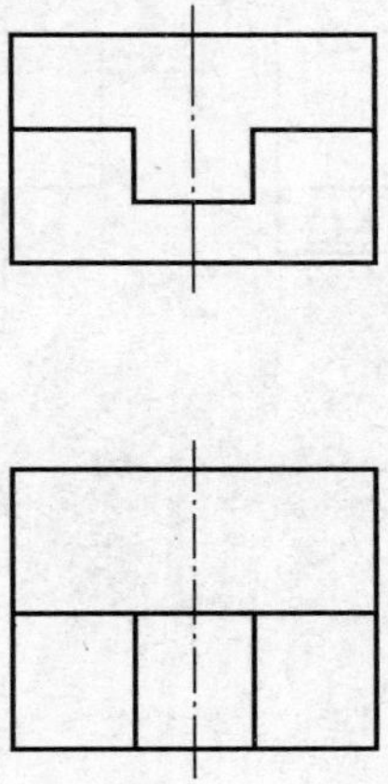
(4) 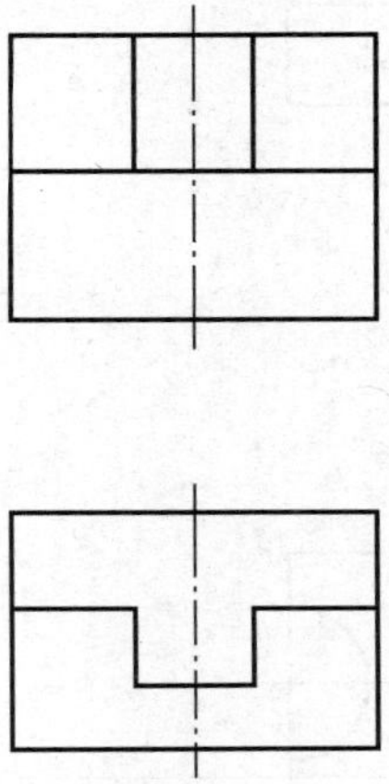	(5) 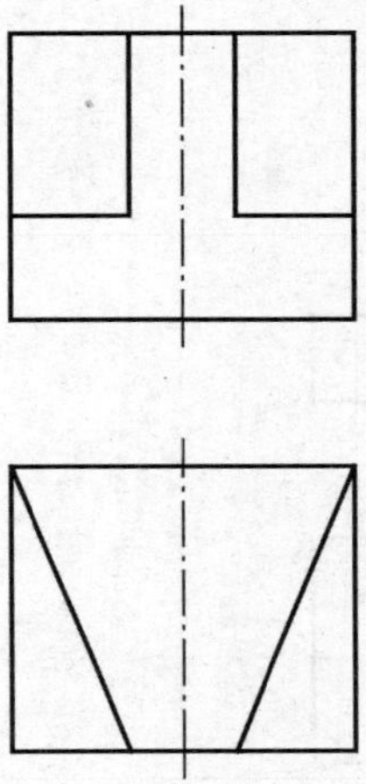	(6) 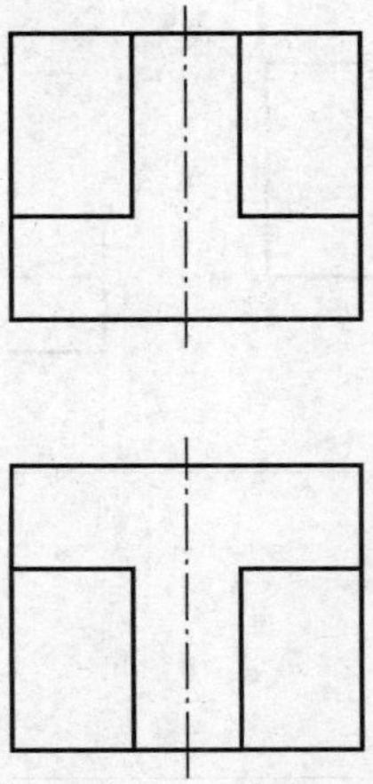

班 级：________ 姓 名：________ 学 号：________

6. 补画视图（一）

(1)

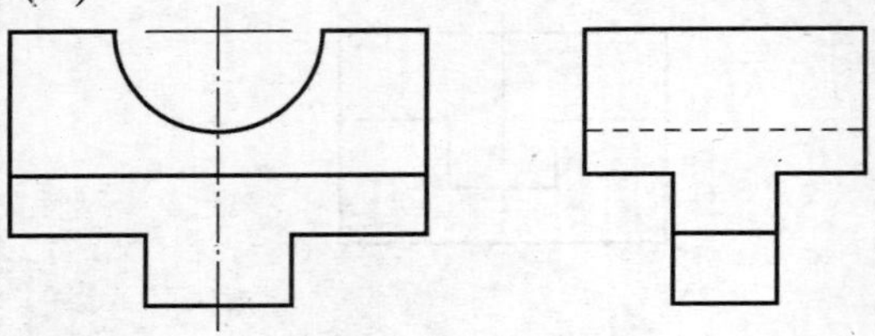

(2)

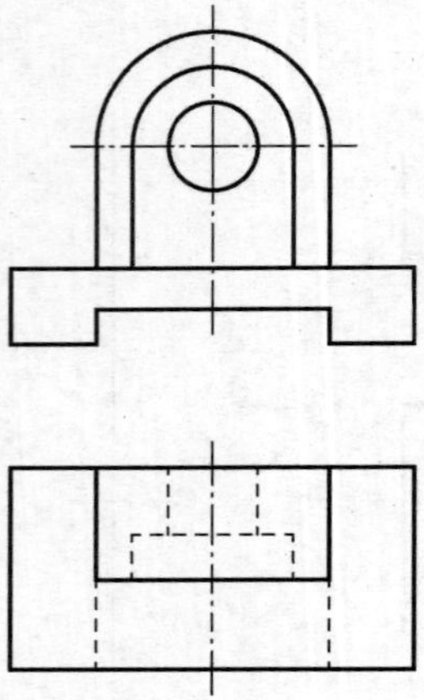

(3)

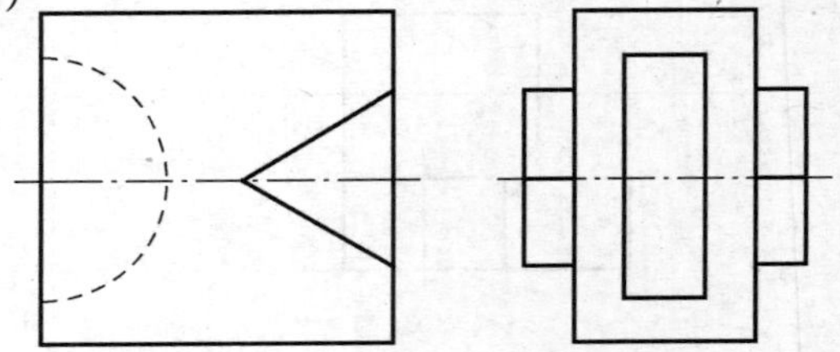

(4)

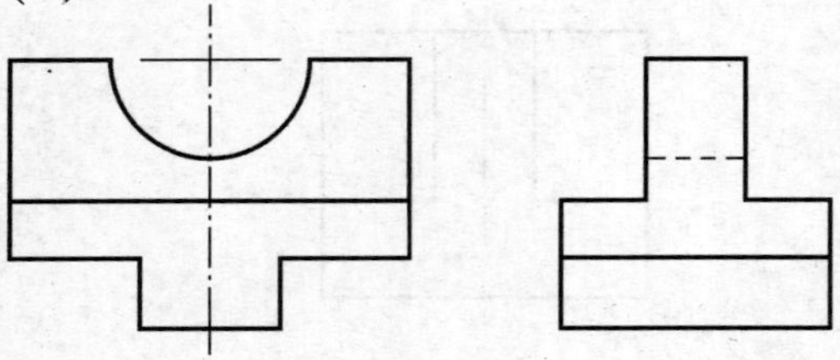

(5)

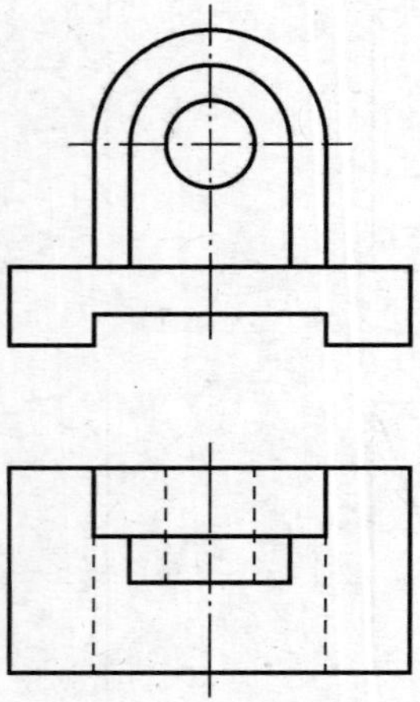

(6)

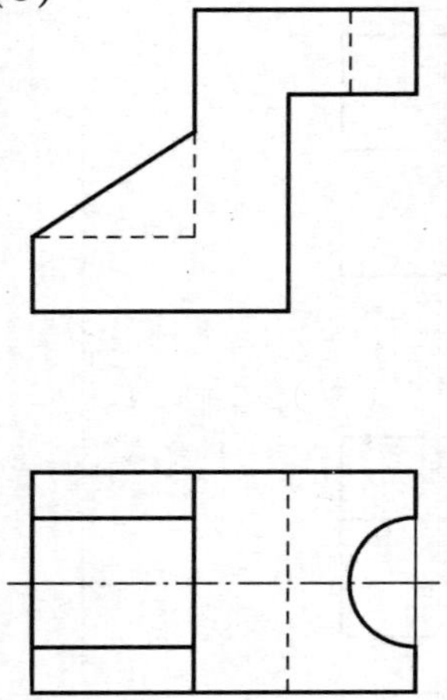

班　级：________　姓　名：________　学　号：________

7. 补画视图（二）

(1)

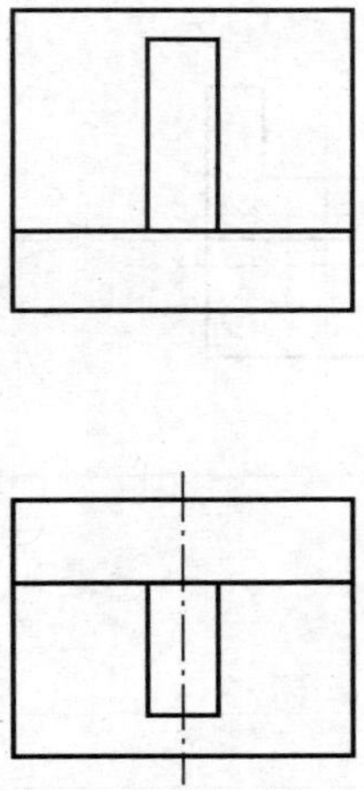

(2)

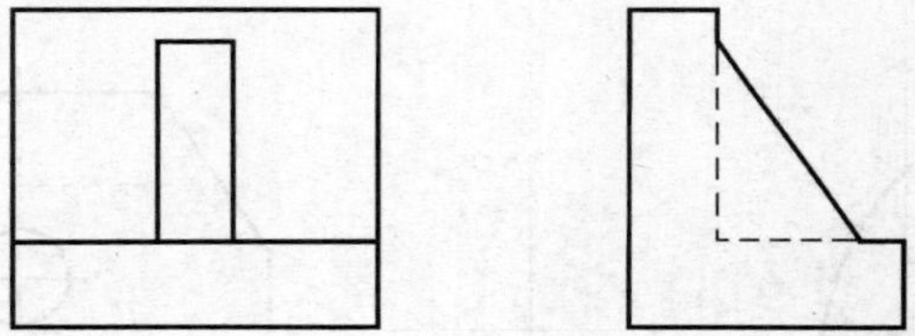

(3)

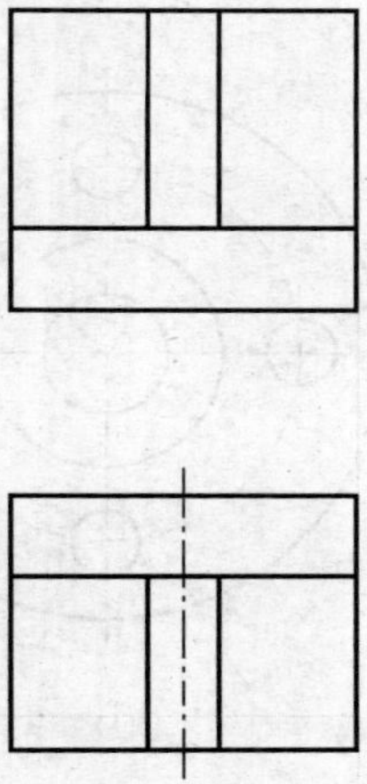

(4)

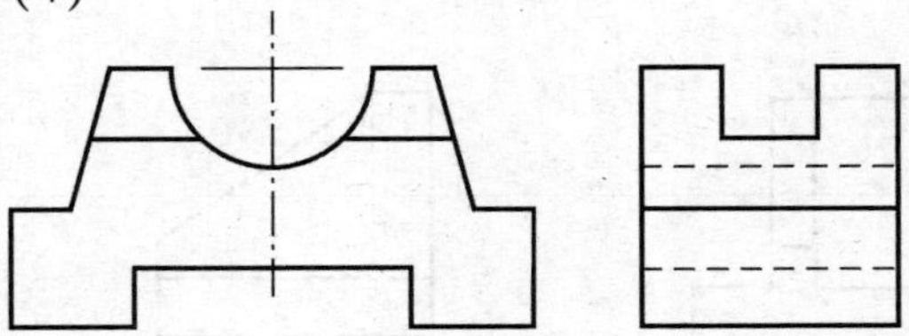

(5)

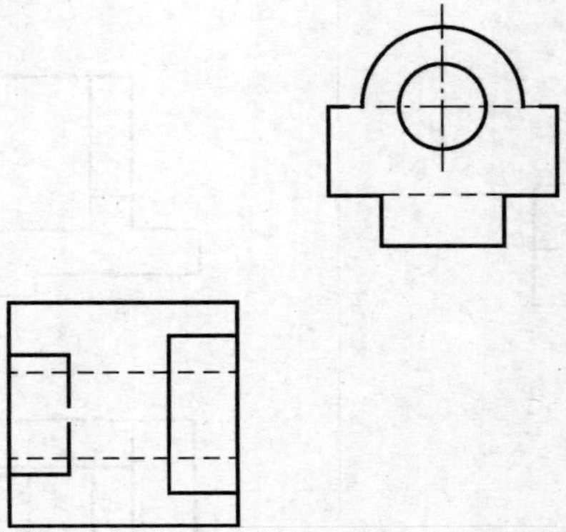

(6)

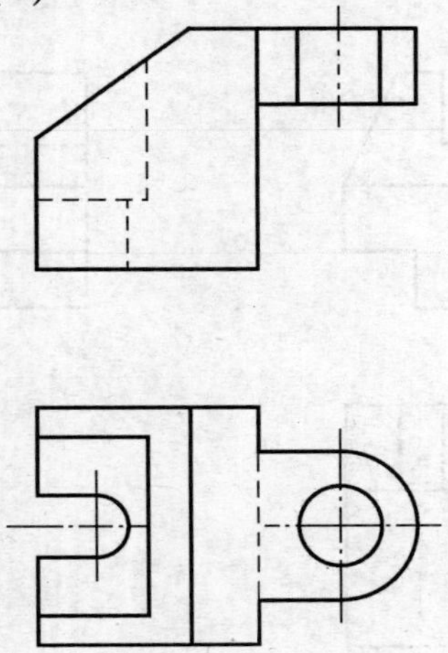

班　级：________　　姓　名：________　　学　号：________

8. 画三视图并标注尺寸

(1)

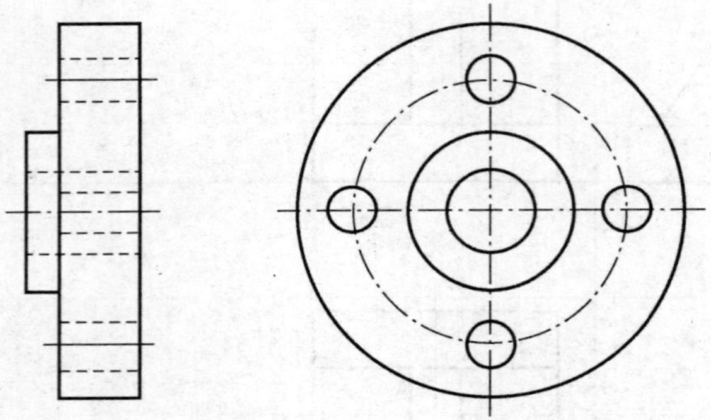

(2)

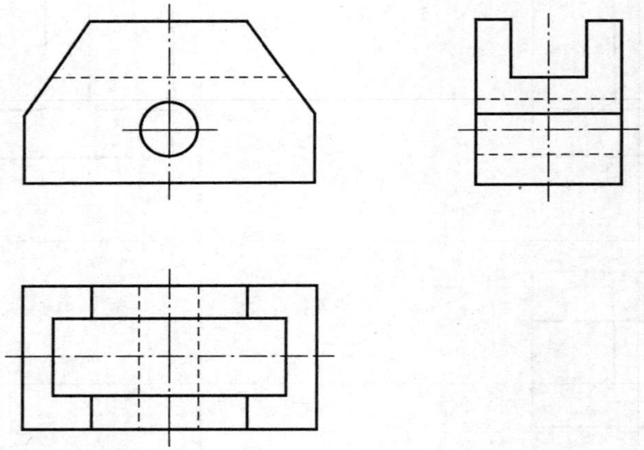

(3)

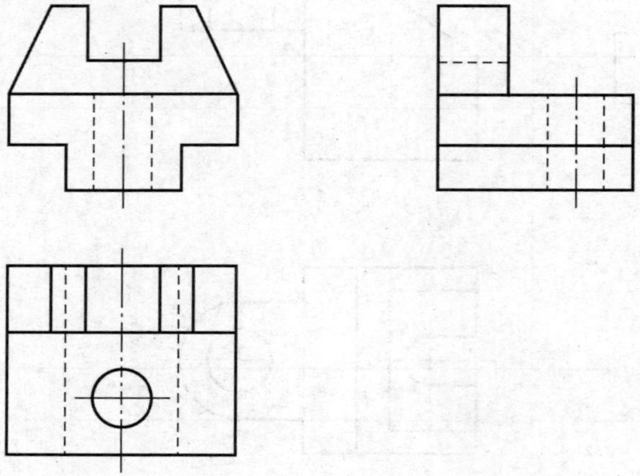

(4)

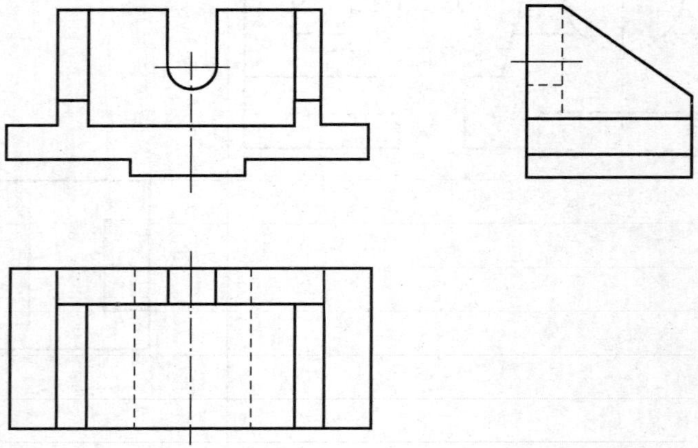

班　级：________　　姓　名：________　　学　号：________

9. 画三视图并标注尺寸

(1)

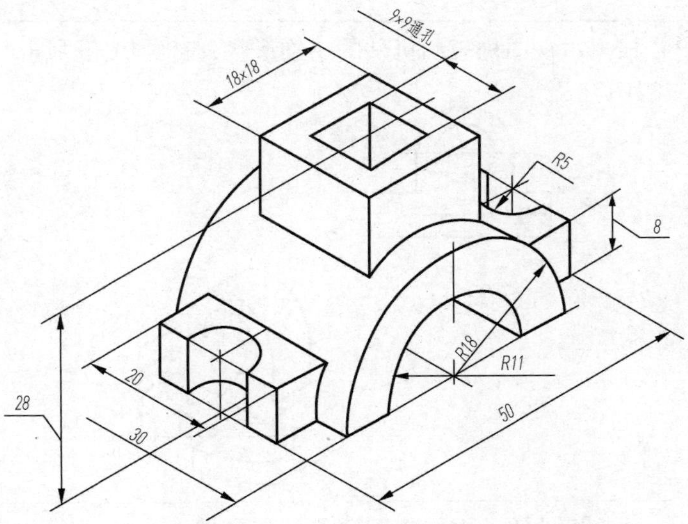

(2)

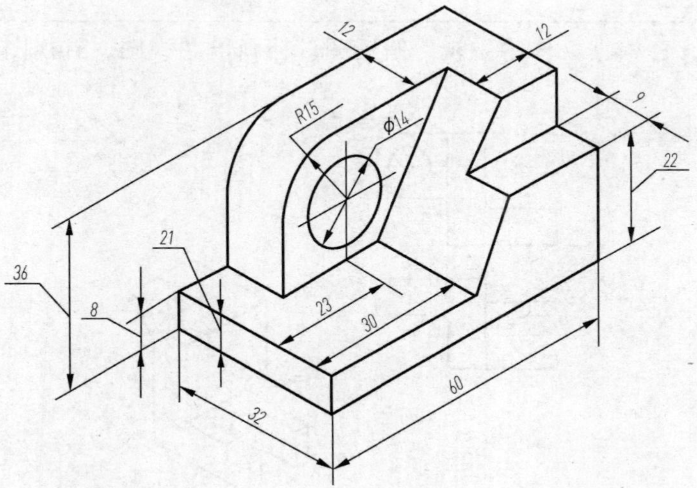

班　级：________　　姓　名：________　　学　号：________

项目六　图样的基本表达方法

1. 视图

（1）根据立体的主视、俯视图，补画出左视图、右视图、仰视图。

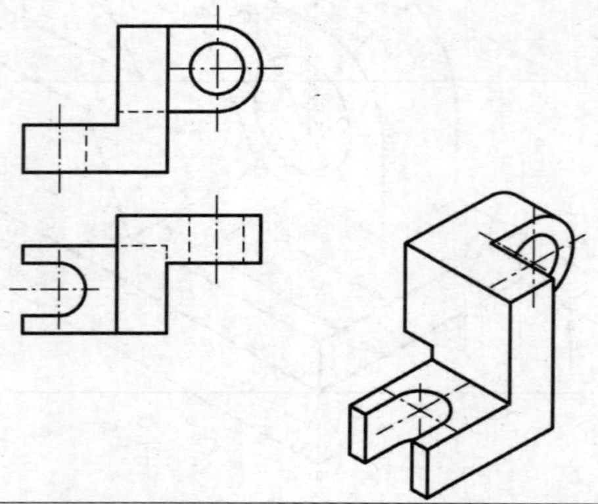

（2）根据主视图构想出机件的结构形状，补画出俯视图、左视图、右视图。

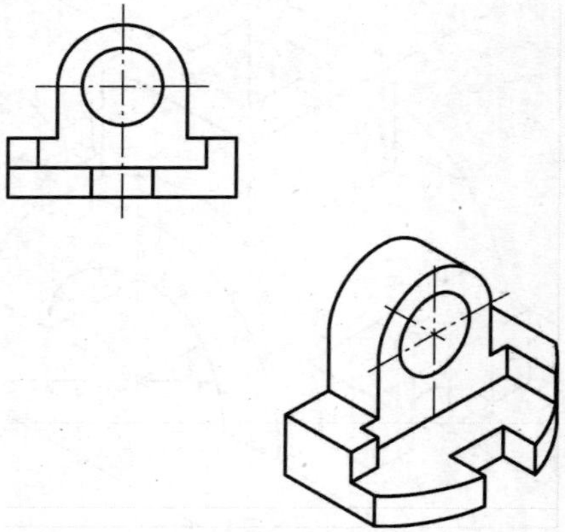

（3）在指定位置画出 *A* 向斜视图和 *B* 向局部视图。

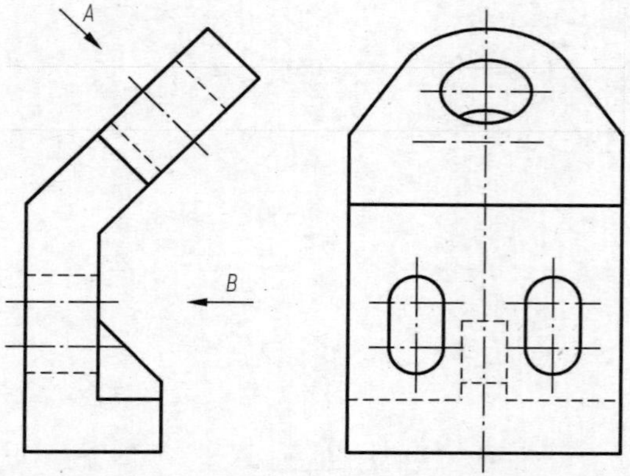

（4）画出机件的 *A* 向斜视图和 *B* 向局部视图。

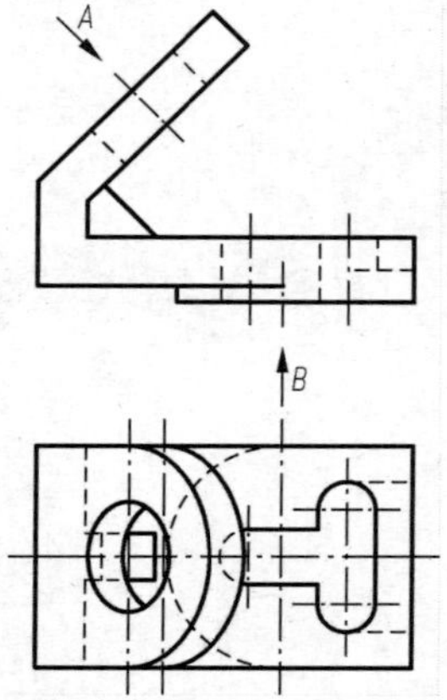

班　级：________　　姓　名：________　　学　号：________

2. 剖视图（一）

（1）作出取全剖视的左视图。

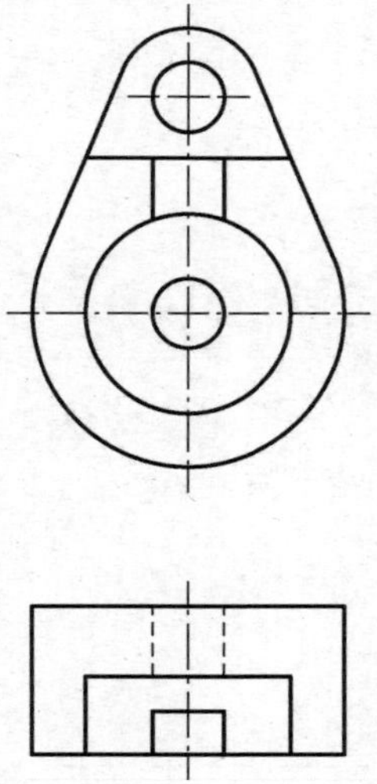

（2）把左视图画成全剖视图。

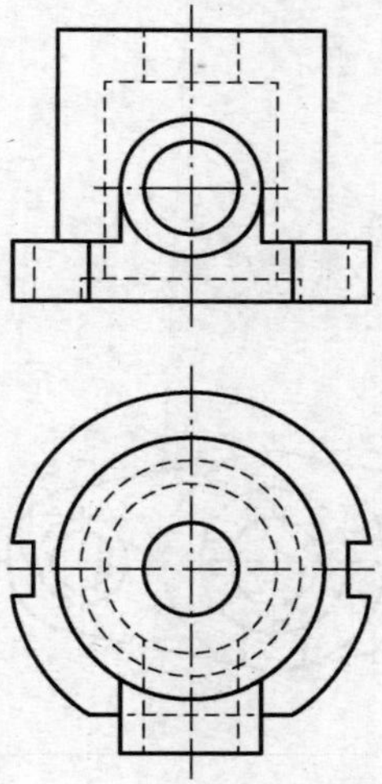

（3）把主视图改画成全剖视图。

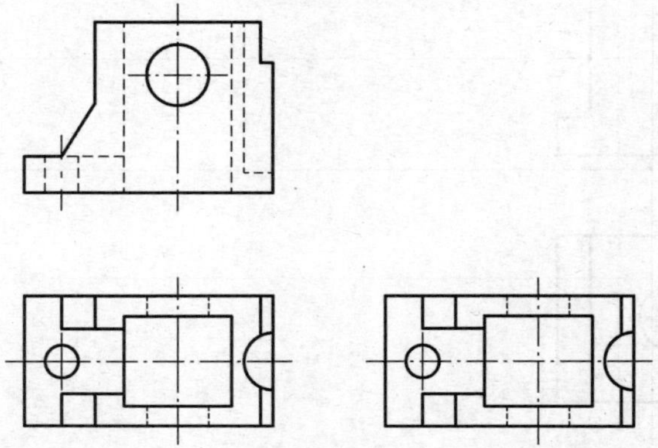

（4）补画出剖视图中的漏线。

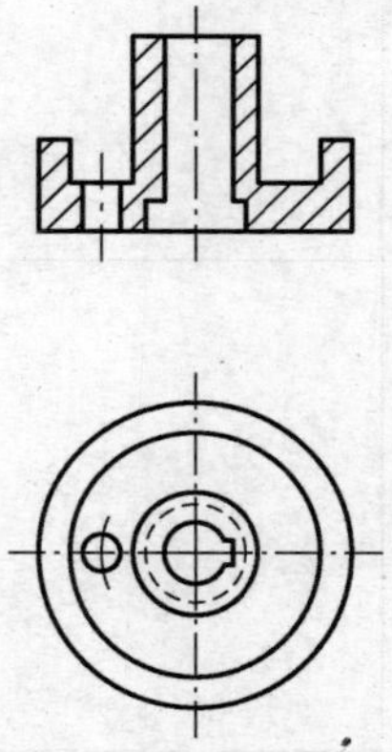

班　级：________　　姓　名：________　　学　号：________

3. 剖视图（二）

（1）在右边把主视图改画成半剖视图。

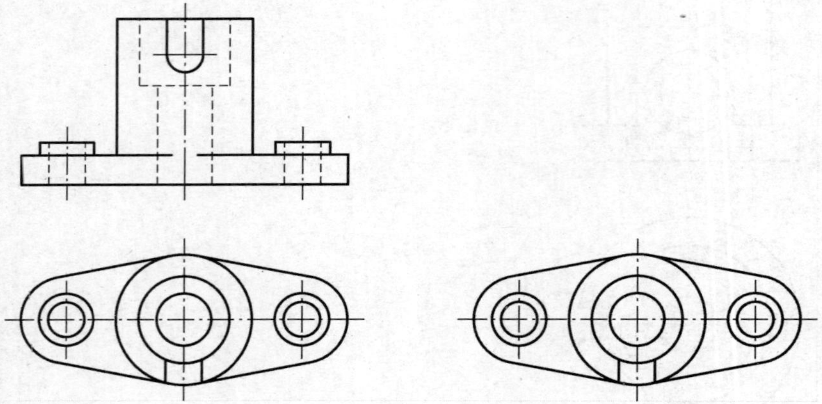

（2）在右侧空白处画出全剖的左视图。

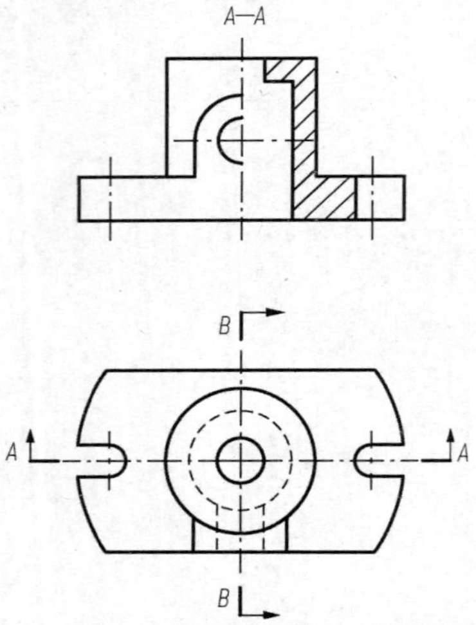

（3）在右边将主、俯视图画成局部剖视图。

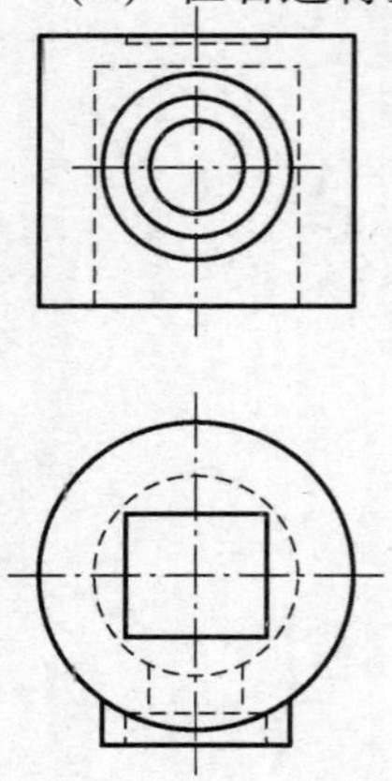

（4）在右边将主、俯视图画成局部剖视图。

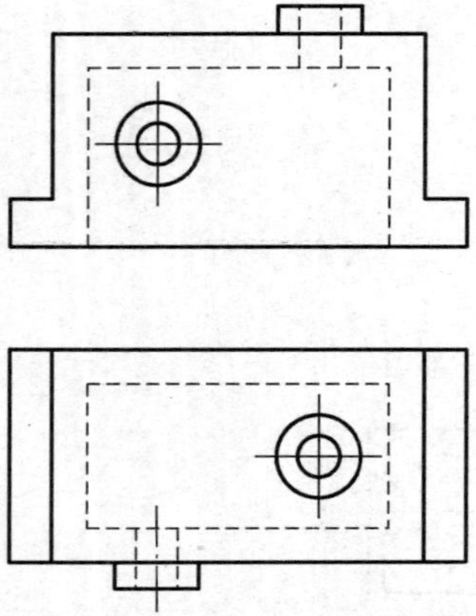

班　级：________　姓　名：________　学　号：________

4. 剖视图（三）

（1）把主视图改画成全剖视图。

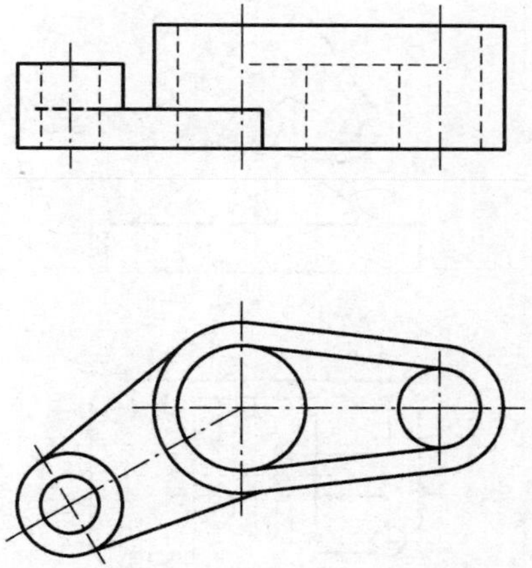

（2）把主视图改画成全剖视图。

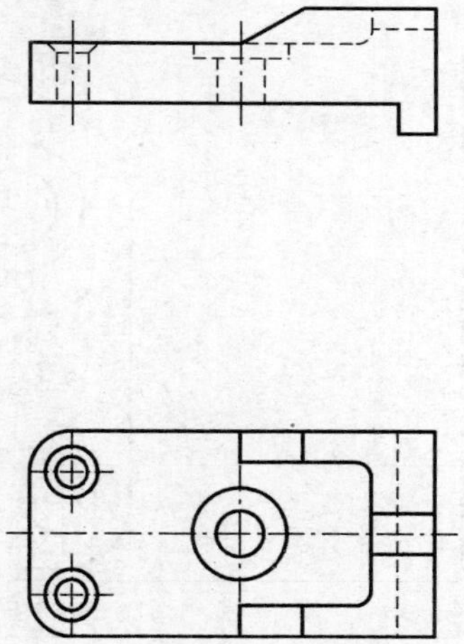

（3）把主视图改画成全剖视图。

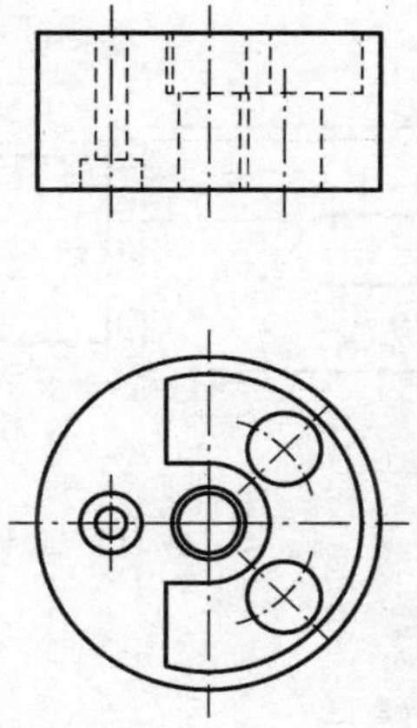

（4）想清机件的结构形状，补画出 C—C 剖视图。

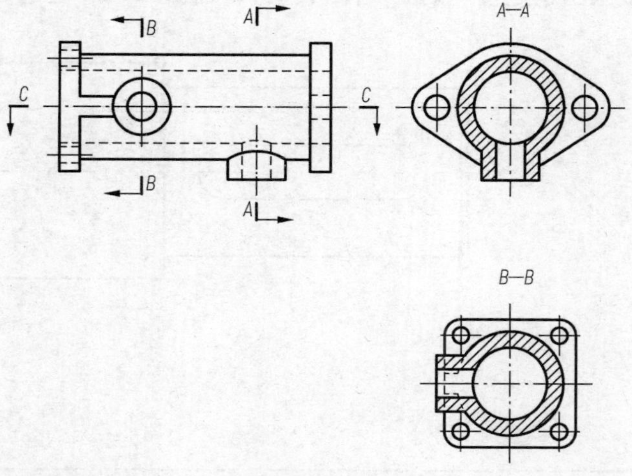

班　级：________　　姓　名：________　　学　号：________

5. 剖视及断面

(1) 把主视图改画成适当的全剖视图。

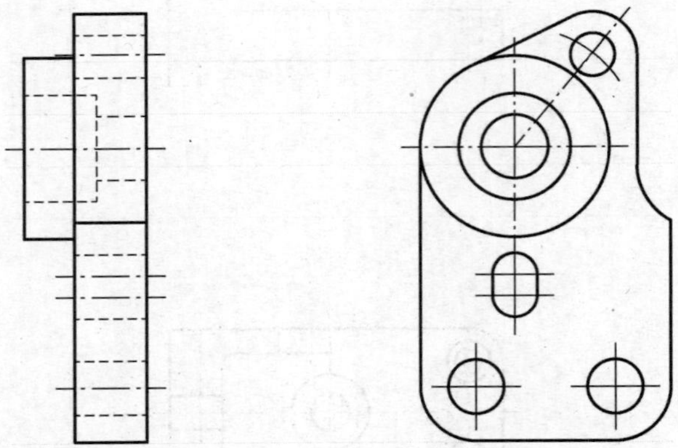

(2) 在右边指定位置画出 *A*—*A* 剖视图及 *B*—*B* 全剖视图。

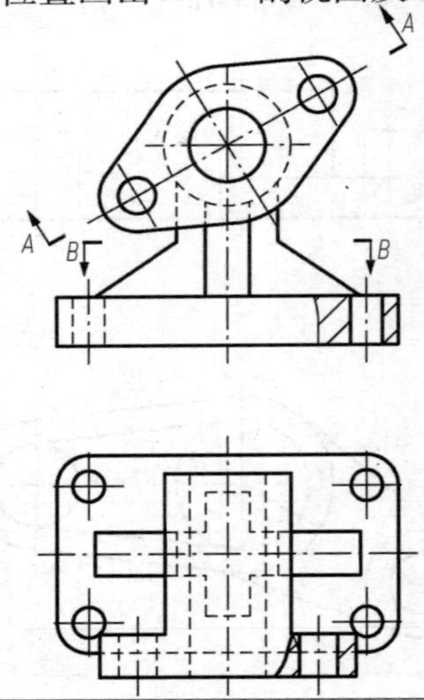

(3) 画出指定位置的断面图（左边键槽深 4mm，右边键槽深 3mm）及 I 处的局部放大图（放大比例 3∶1）。

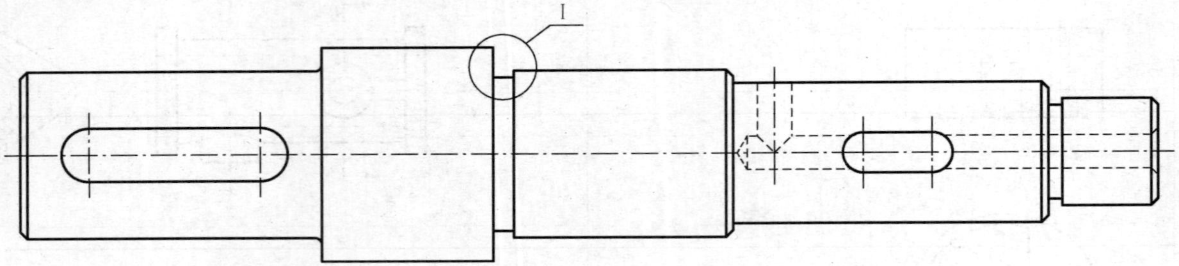

班　级：＿＿＿＿＿＿　　姓　名：＿＿＿＿＿＿　　学　号：＿＿＿＿＿＿

6. 断面及简化画法

（1）在指定位置画出 *A*—*A* 和 *B*—*B* 断面图。

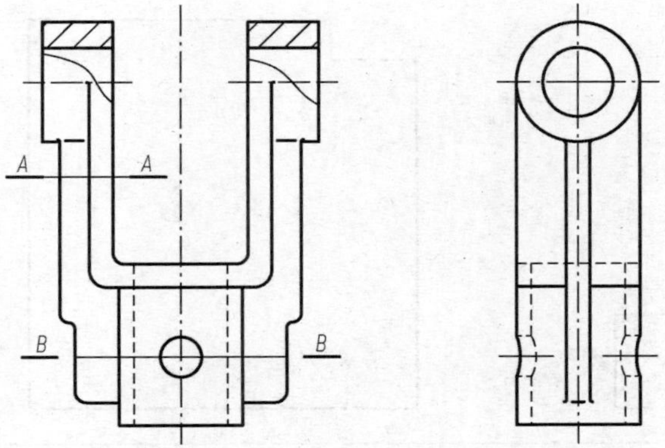

（2）在指定位置按简化法画出下图。

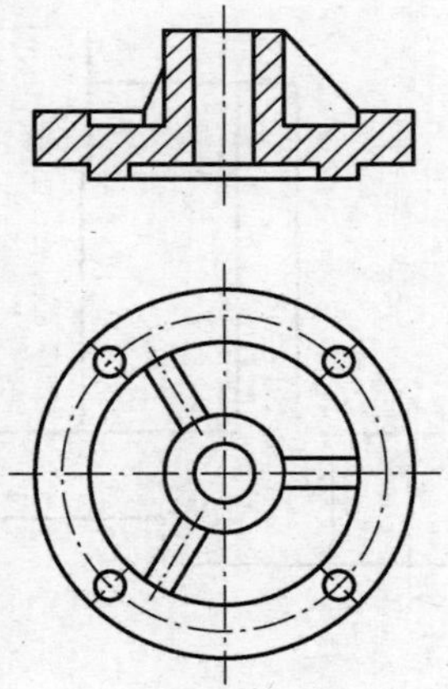

班　级：________　　姓　名：________　　学　号：________

7. 根据给出的视图，将主视图补画成 *A*—*A* 半剖视图（画在主视图右边线框内），左视图补画成 *B*—*B* 全剖视图

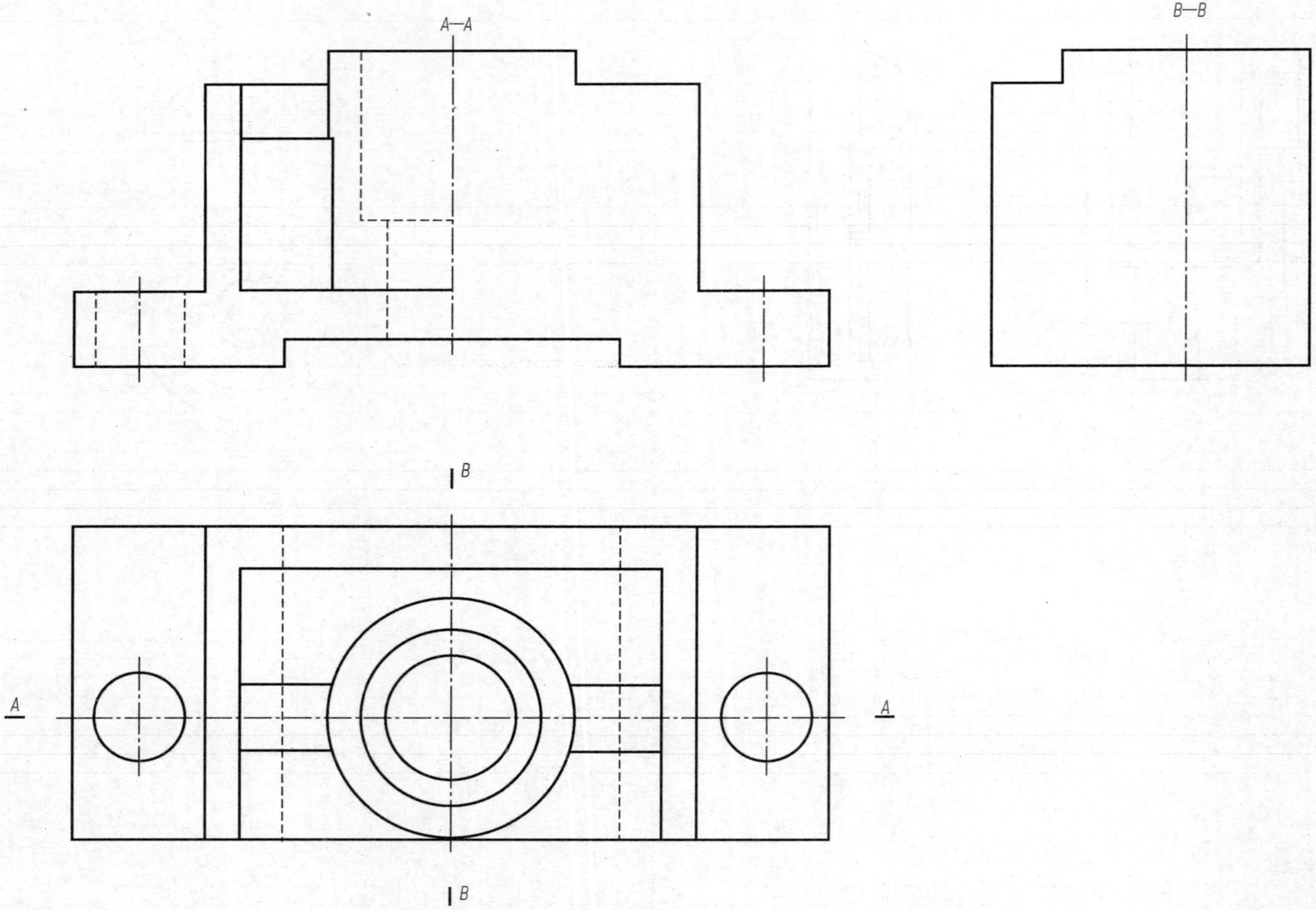

班 级：________ 姓 名：________ 学 号：________

8. 画出 *B*—*B* 剖视图

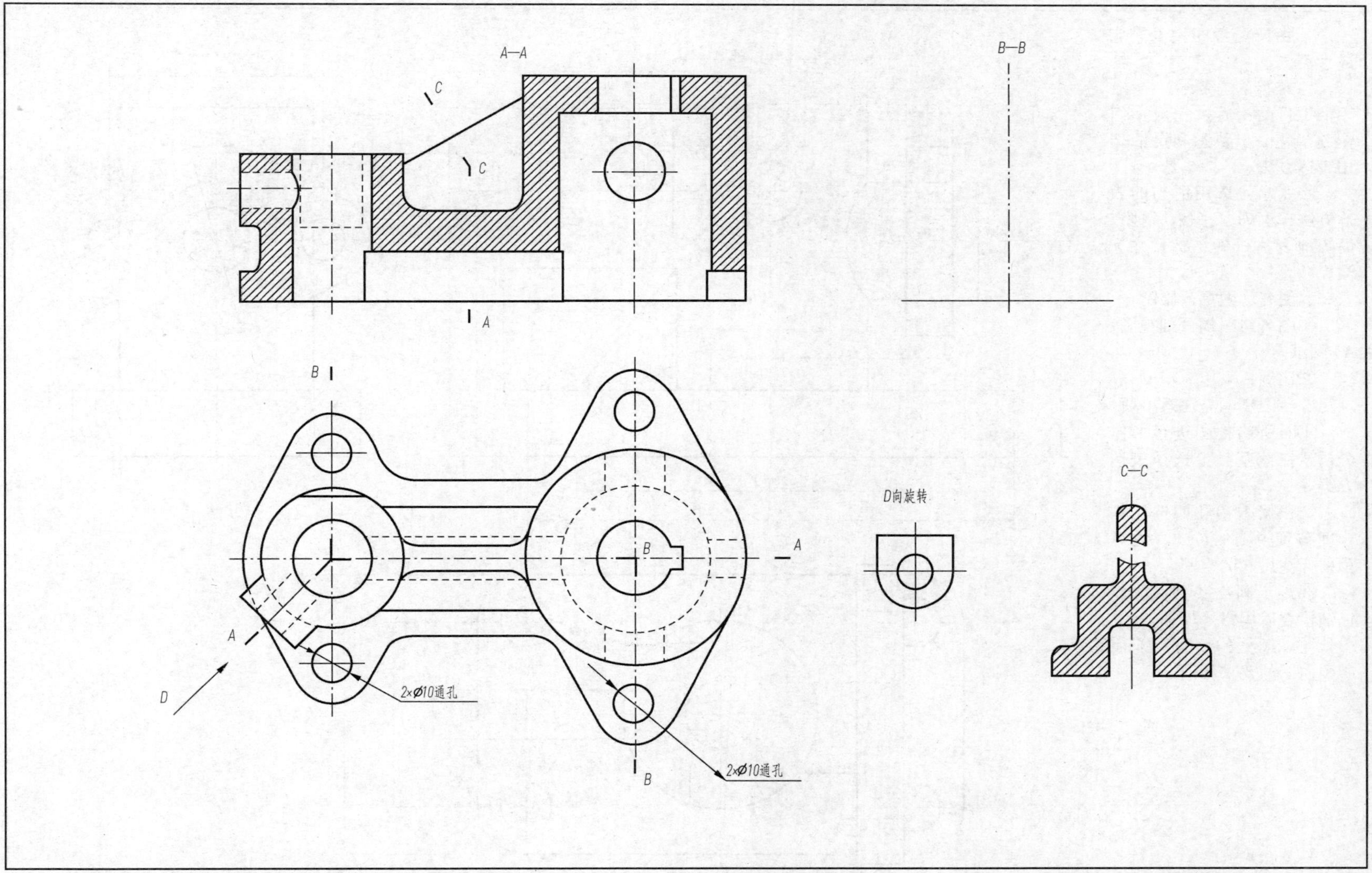

班　级：＿＿＿＿＿＿　　姓　名：＿＿＿＿＿＿　　学　号：＿＿＿＿＿＿

9. 综合题（一）

一、由所给视图按要求完成抄图。

（1）目的与要求

①目的：通过完成本组作业，进一步熟悉和灵活选用表达方法。

②要求：选用适当的表达方法，正确、完整、清晰、简练地表达机件结构，并标注尺寸。

二、图名、图幅、比例

①图名与图幅：剖视图、A3 图纸。

②比例：采用 1∶2。

三、绘图步骤与注意事项

①对所给视图进行形体分析，在此基础上选择表达方案。

②根据图幅和所选比例合理布置视图的位置，注意预留标注尺寸的空间。

③逐步画出各视图，经仔细检查后用铅笔加深。

④标题栏的填写与前面所画白图的要求相同。

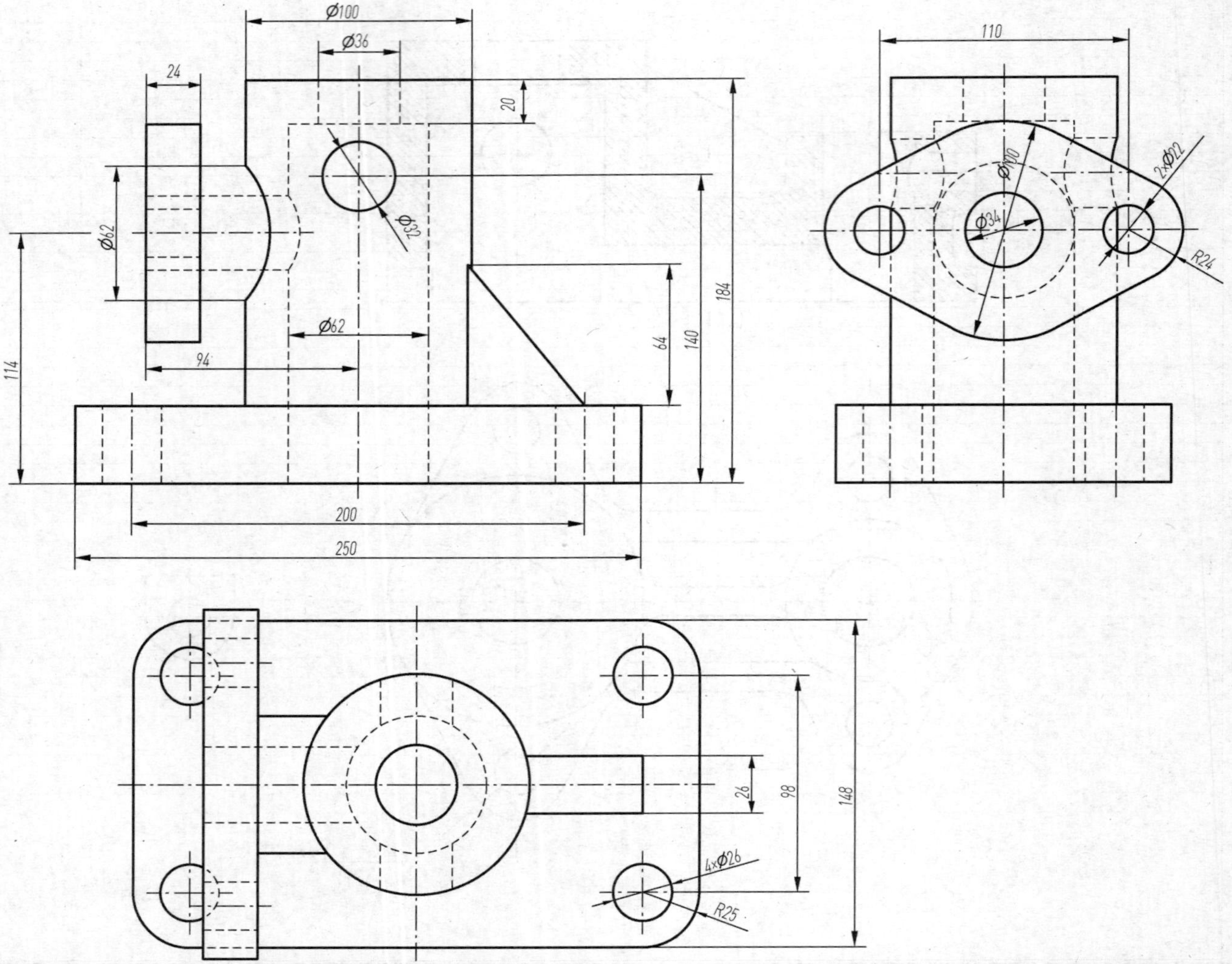

班　级：__________　　姓　名：__________　　学　号：__________

10. 综合题（二）

要求与第 9 题一致。

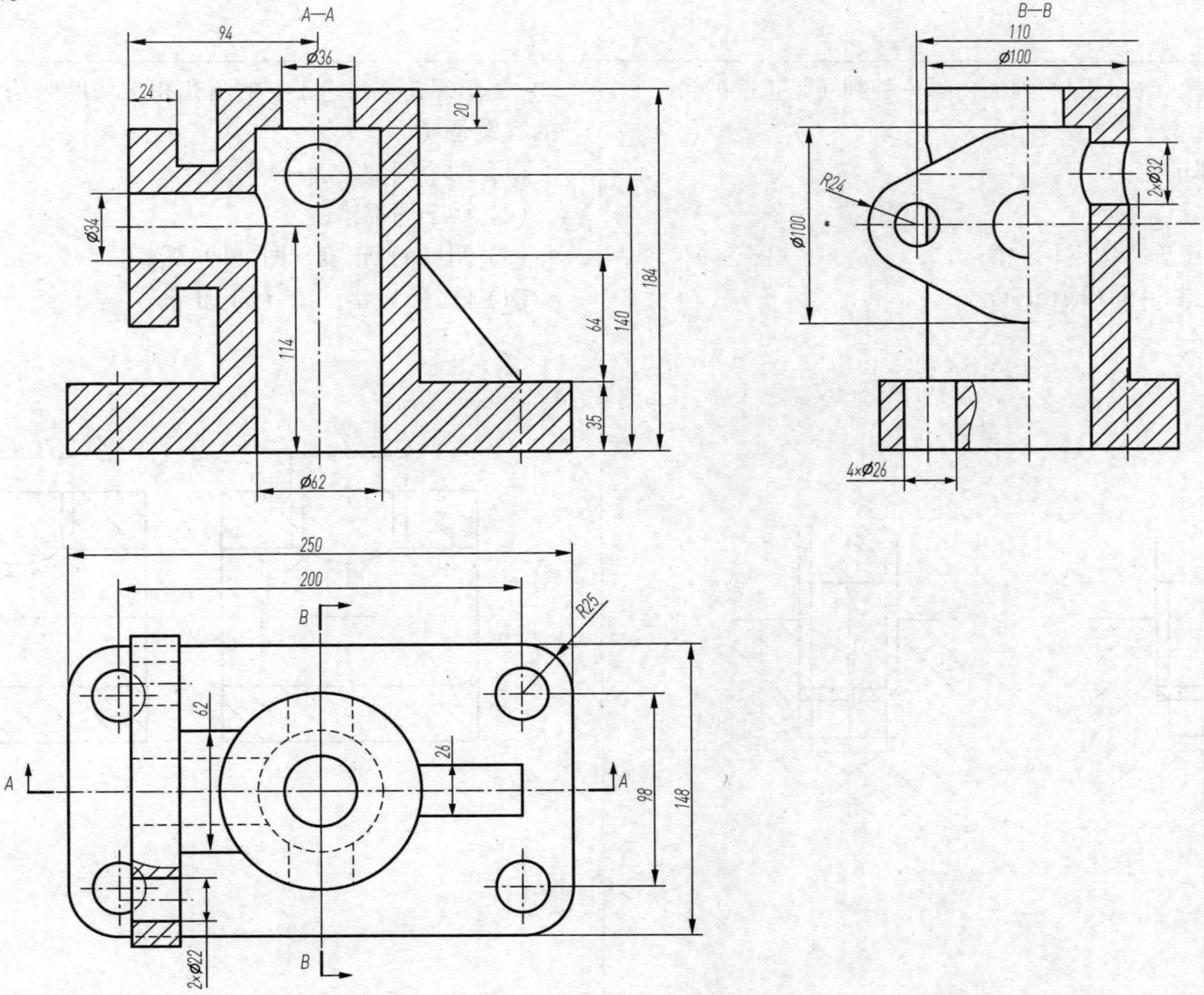

班　级：＿＿＿＿＿＿　　姓　名：＿＿＿＿＿＿　　学　号：＿＿＿＿＿＿

项目七　标准件与常用件的绘制

1. 选择题

1）关于螺杆与螺孔装配图的画法，哪一种判断是正确的？（　　）

（1）两个图都正确；

（2）两个图都错；

（3）图（a）正确，图（b）错；

（4）图（a）错，图（b）正确。

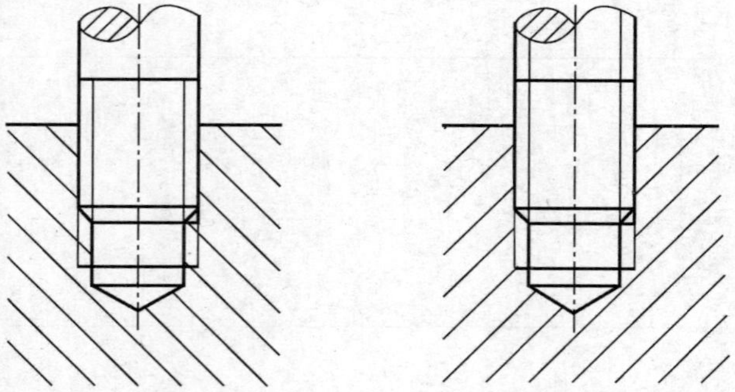

（a）　　（b）

2）关于螺孔与和它正交的圆孔相贯线的画法（简化画法），正确的答案是（　　）。

（1）两个图都正确；

（2）两个图都错；

（3）图（a）正确，图（b）错；

（4）图（a）错，图（b）正确。

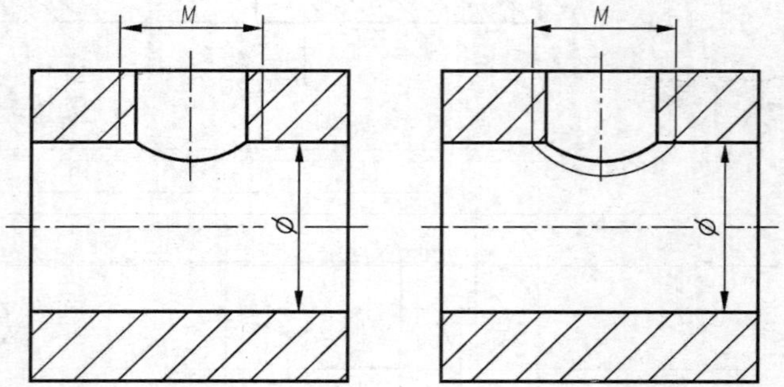

（a）　　（b）

班　级：__________　　姓　名：__________　　学　号：__________

2. 螺纹画法（识别下列螺纹的错误画法，并在空白处画出正确的图形）

(1)

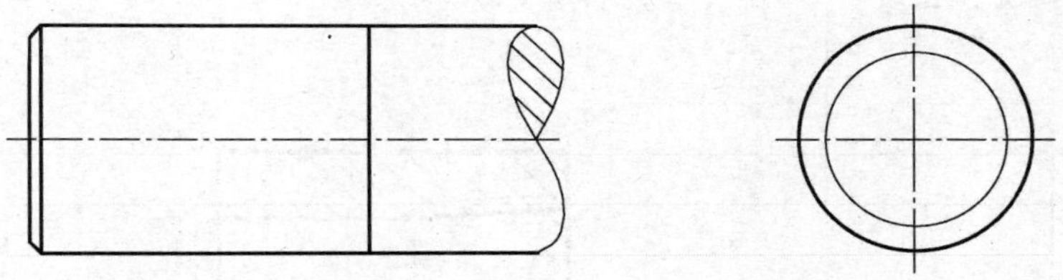

(2)

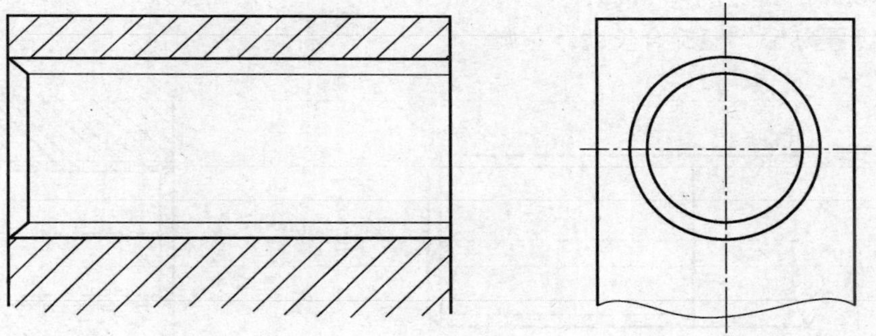

(3)

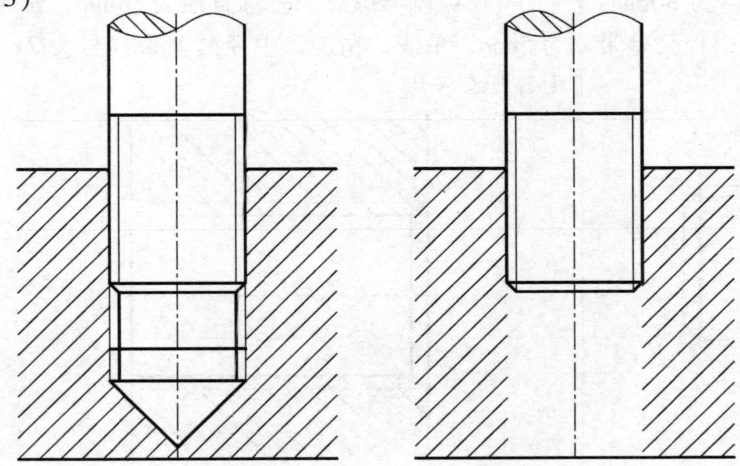

(4)

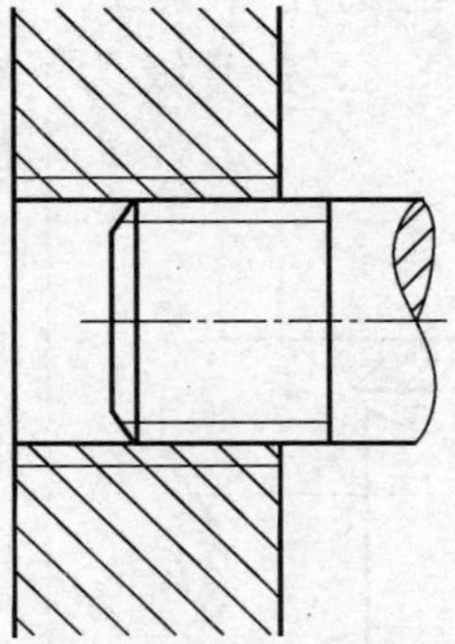

班　级：________　　姓　名：________　　学　号：________

3. 螺纹的标注

(1) 细牙普通螺纹：公称直径为16mm，螺距为1.5mm，中、顶径公差带代号为6g，短旋合长度，左旋。

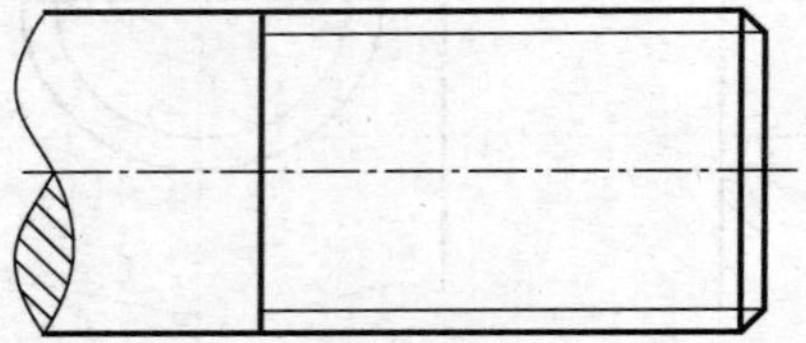

(2) 细牙普通：公称直径为16mm，中、顶径公差带代号为6H，长旋合长度，右旋。

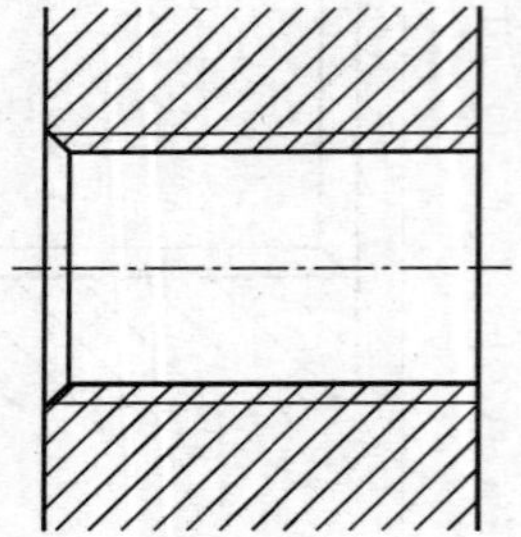

(3) 55°螺纹密封的圆锥内管螺纹：尺寸代号为1/2，右旋。

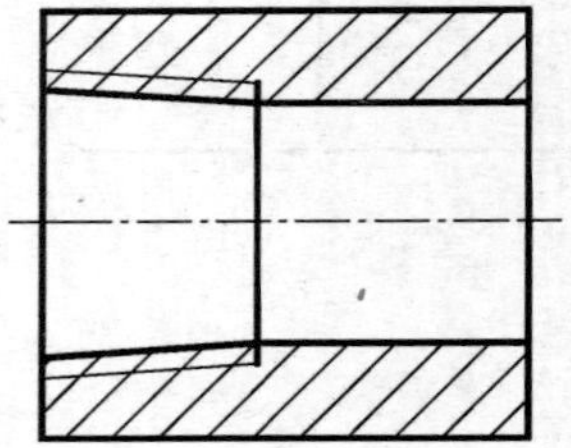

(4) 55°非螺纹密封的圆柱管螺纹，尺寸代号为2/4，右旋，公差等级为B级。

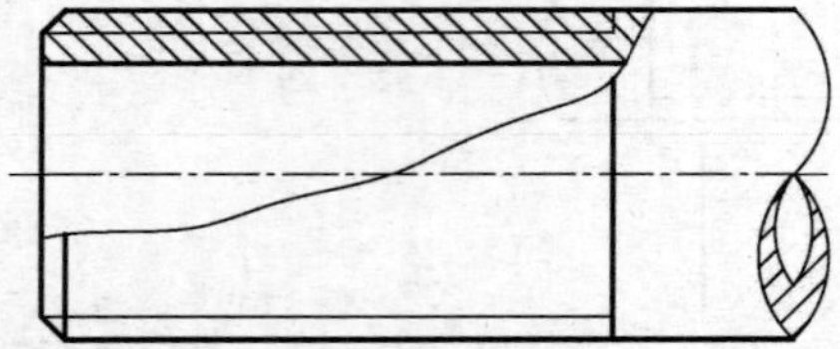

(5) 梯形螺纹：公称直径为30mm，导程为10mm，双线，右旋，中径公差带代号为6H，中等旋合长度。

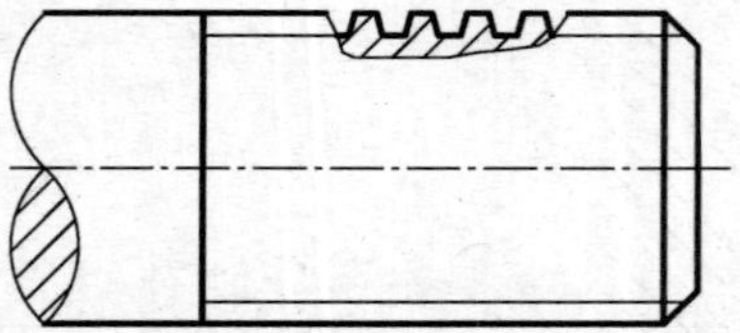

(6) 锯齿形螺纹，公称直径为38mm，螺距为5mm，单线，左旋，中径公差带代号为7H，中等旋合长度。

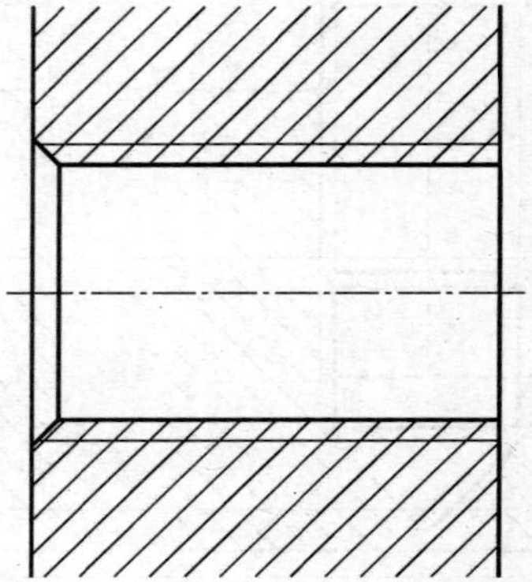

班　级：________　　姓　名：________　　学　号：________

4. 查表并标注下列各标准件的尺寸，并写出规定的标记（一）

（1）六角头螺栓——C 级。

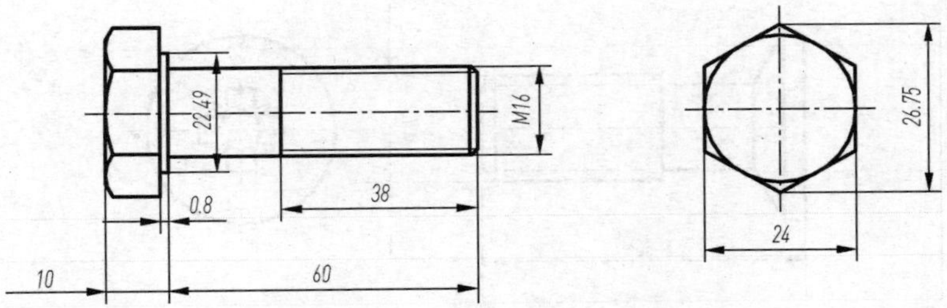

标记：________________

（2）I 型六角螺母——A 级。

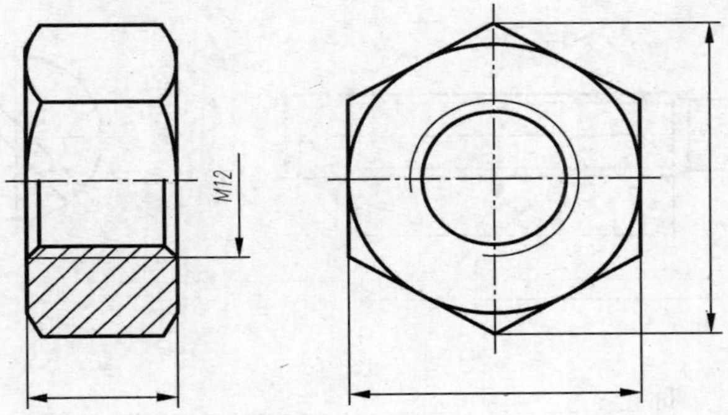

标记：________________

（3）螺柱（B 型，$b_m = 1.25d$）：M10，$l = 40$mm。

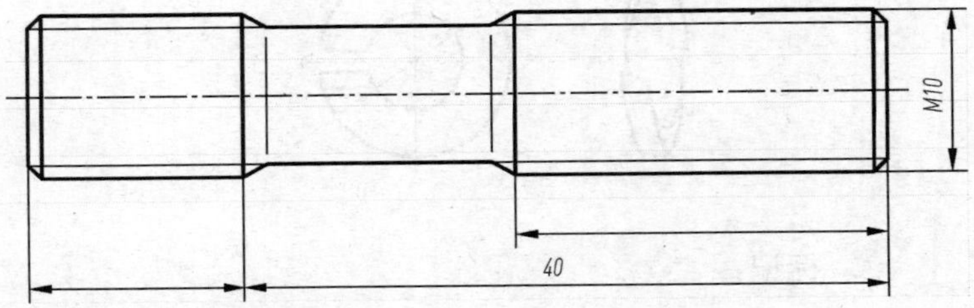

标记：________________

（4）圈，倒角型——A 级。

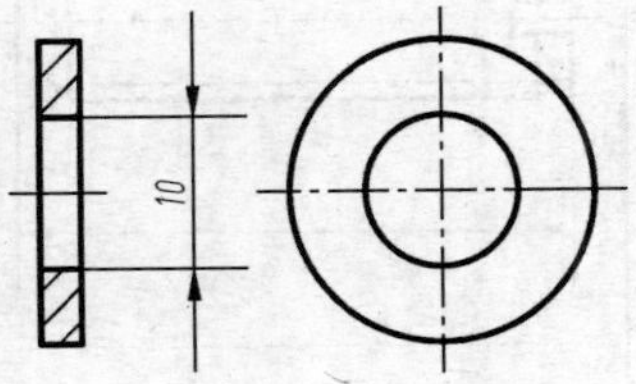

标记：________________

班　级：________　姓　名：________　学　号：________

5. 查表并标注下列各标准件的尺寸，并写出规定的标记（二）

（1）开槽盘头螺钉。

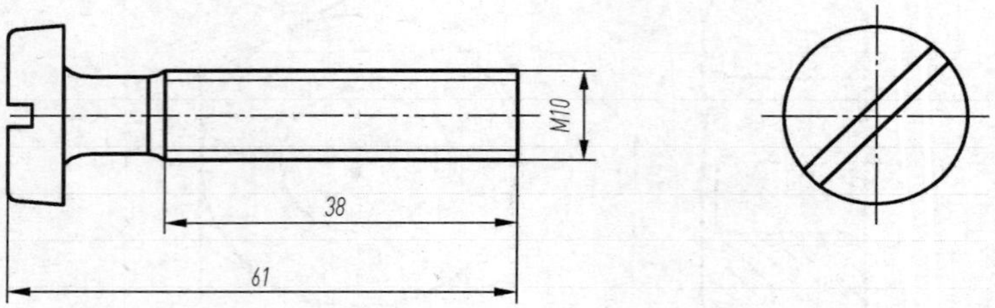

标记：________________

（2）十字槽沉头螺钉。

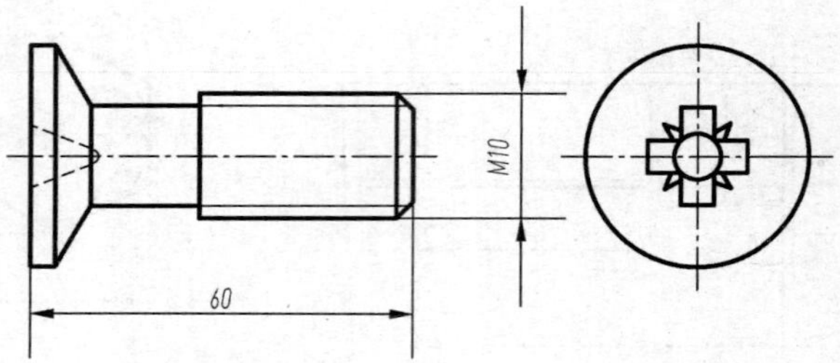

标记：________________

（3）性能等级为14H级、表面氧化的开槽锥端紧定螺钉。

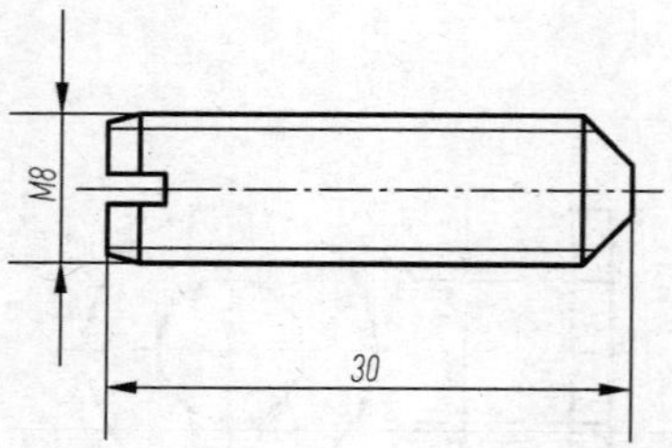

标记：________________

（4）材料为65Mn、表面氧化的标准型弹簧垫圈。

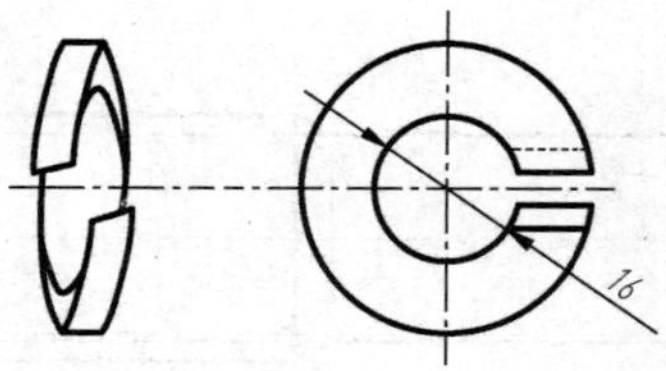

标记：________________

班　级：________　姓　名：________　学　号：________

6. 螺栓连接与螺钉连接的画法

（1）补全螺栓连接的三视图中所缺的图线。

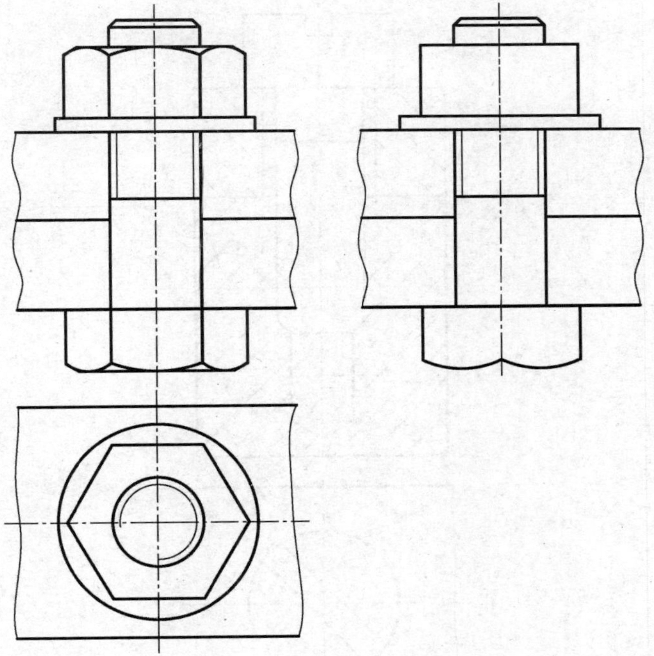

（2）已知螺母 GB/T 6170 M12，参考比例关系，按照 1：1 的比例画出六角螺母的三视图。

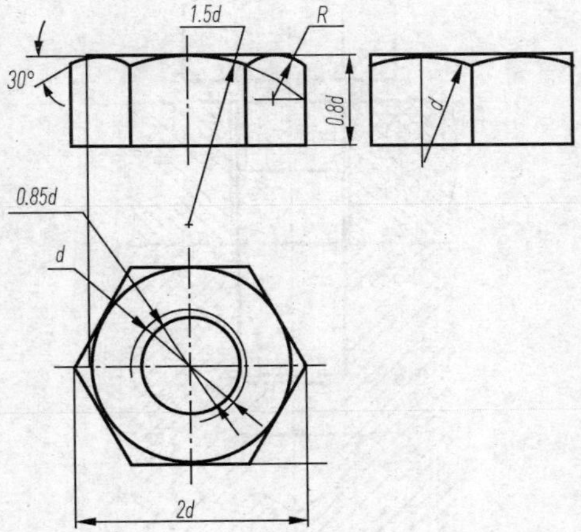

班 级：________ 姓 名：________ 学 号：________

7. 螺柱连接与螺钉连接的画法

(1) 补全螺柱连接两视图中所缺的图线。

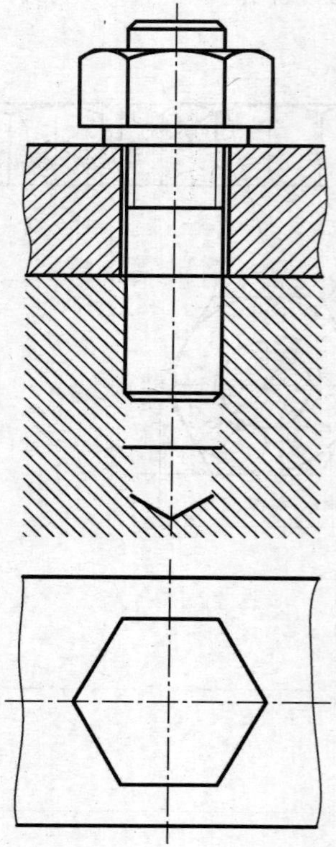

(2) 补全圆柱头螺钉连接两视图中所缺的图线。

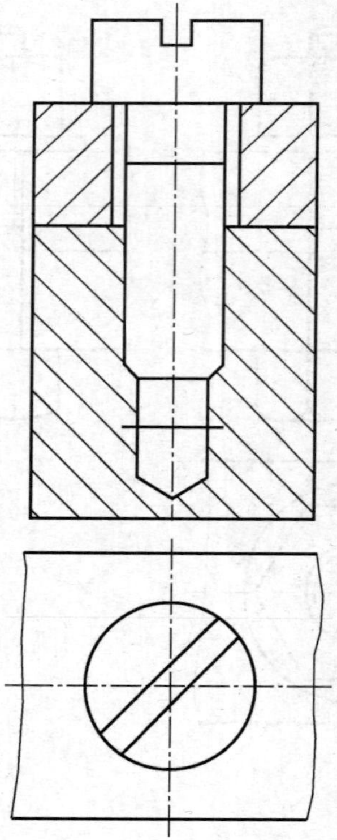

班 级：________ 姓 名：________ 学 号：________

8. 螺栓连接与螺柱连接作图练习

一、目的

巩固螺纹连接件所学知识，掌握螺纹连接件的比例作图方法。

二、内容

用比例画法作螺栓联接的三视图和双头螺柱连接的两视图（主视、俯视）。

1. 已知螺栓 M16、螺母 M16、平垫圈 16，被连接件厚度 $t_1=20$mm，$t_2=20$mm。

2. 已知双头螺柱 M20、螺母 M20、弹簧垫圈 20，被连接件厚度 $t_1=20$mm，$t_2=20$mm（材料为铸铁）。

三、要求

1. 用 A4 图纸，横放，比例 1∶1。

2. 主视图画成全剖视图，其余画成视图形式。

3. 根据给出的公称尺寸和被连接件的厚度与材料，计算并确定螺栓、螺柱的规格尺寸。

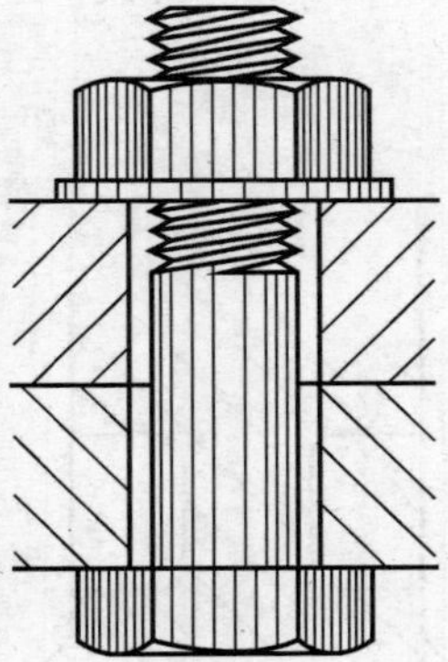

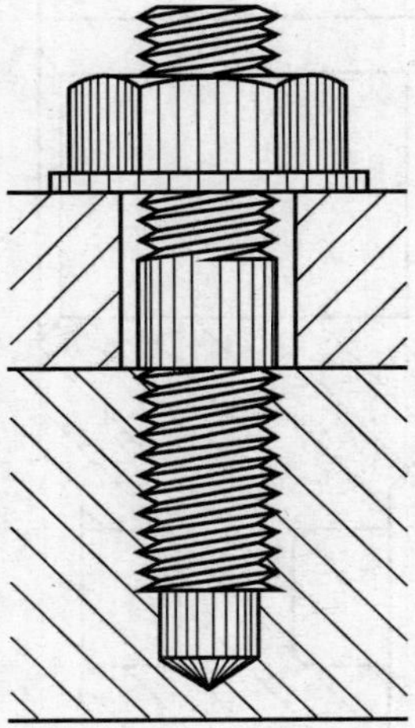

班　级：________　　姓　名：________　　学　号：________

9. 直齿圆柱齿轮画法

已知直齿圆柱齿轮模数 $m=5$，齿数 $z=20$，写出齿轮分度圆、齿顶圆和齿根圆直径的计算公式并计算其值。用 1∶1 比例补全齿轮的主、左视图。

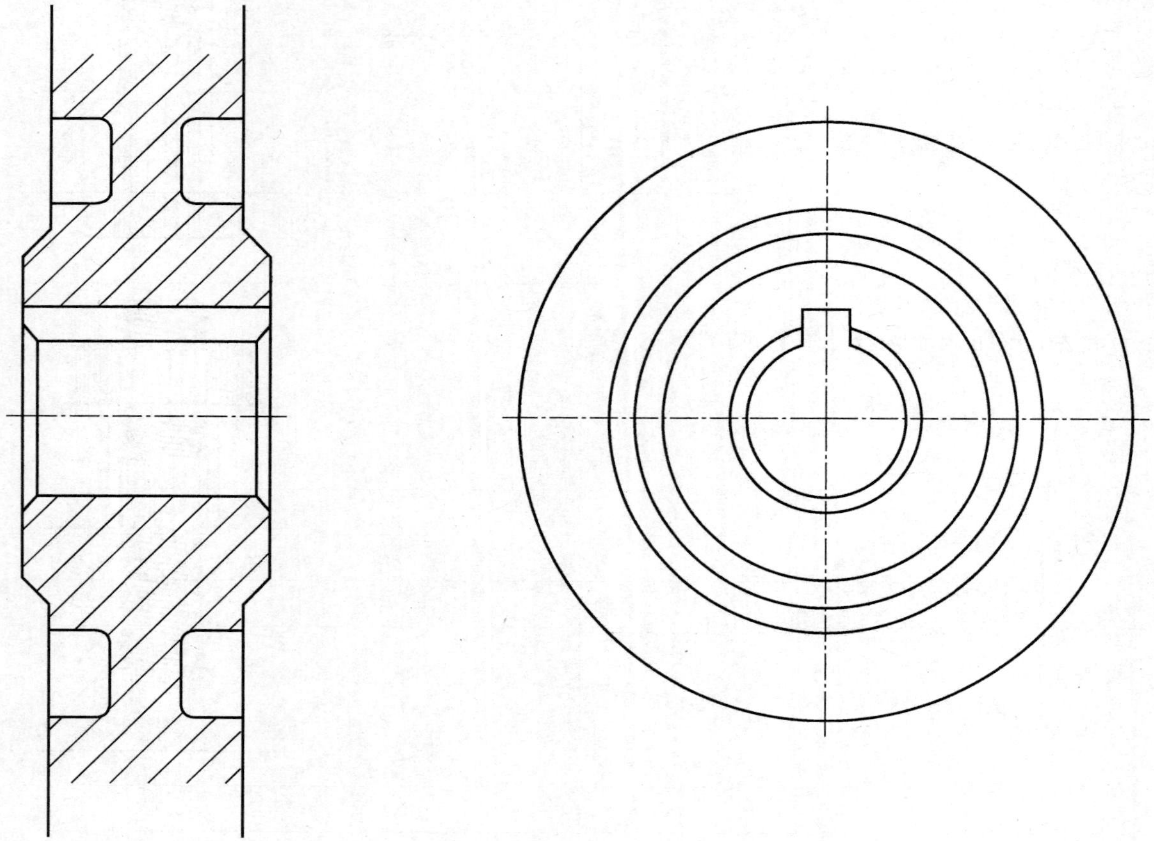

班　级：＿＿＿＿＿＿　　姓　名：＿＿＿＿＿＿　　学　号：＿＿＿＿＿＿

10. 直齿圆柱齿轮啮合画法

已知齿轮的模数 $m=4$，大齿轮齿数 $z_2=40$，两齿轮的中心距 $a=120$mm，用 1∶2 比例完成下列直齿圆柱齿轮的啮合图。

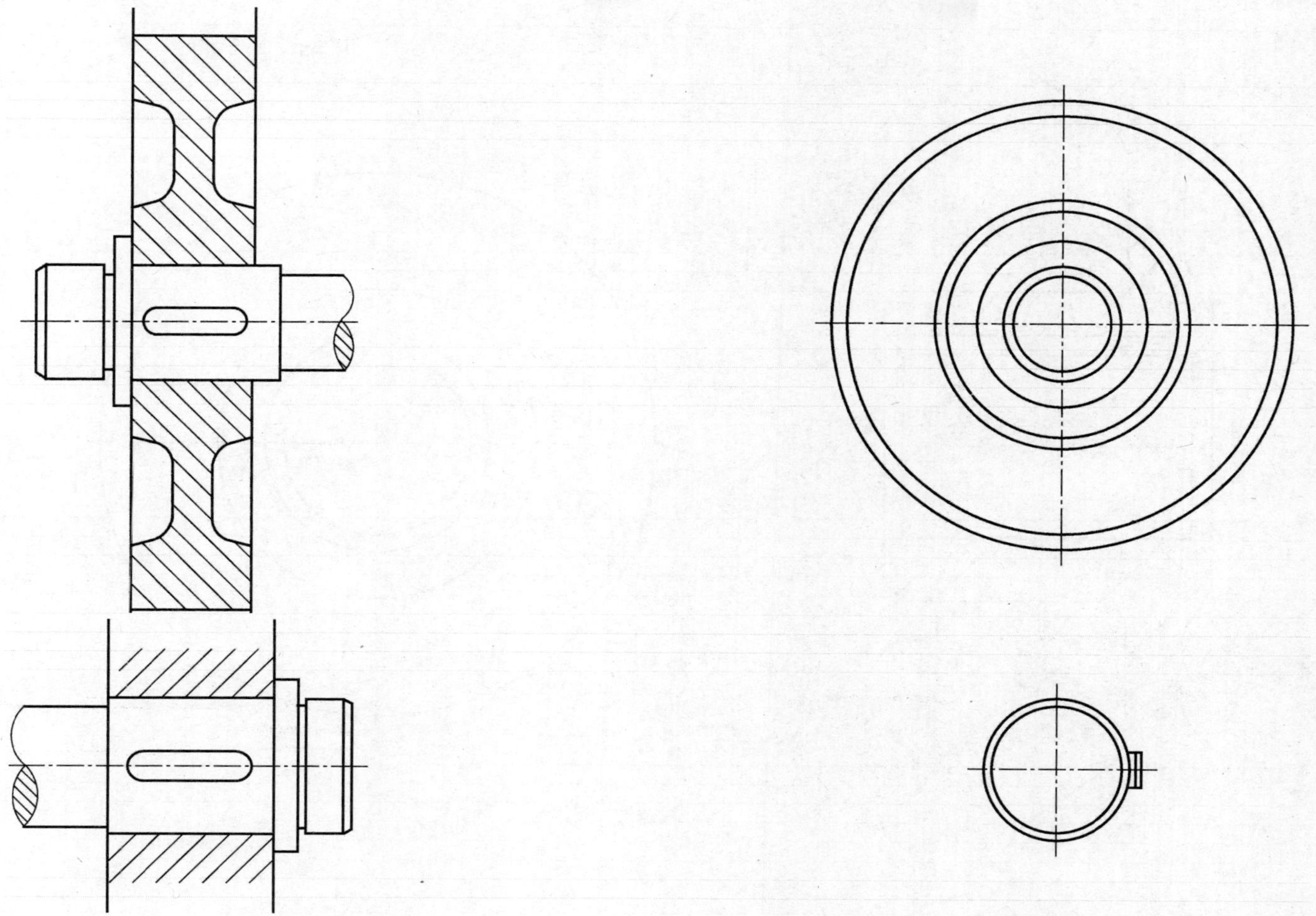

班　级：________　　姓　名：________　　学　号：________

11. 直齿圆锥齿轮画法

已知直齿圆锥齿轮 $m=4\text{mm}$、$z=30$，分度圆锥角 $\delta_1=45°$，试计算齿轮的基本尺寸，完成齿轮视图（比例1：1）。

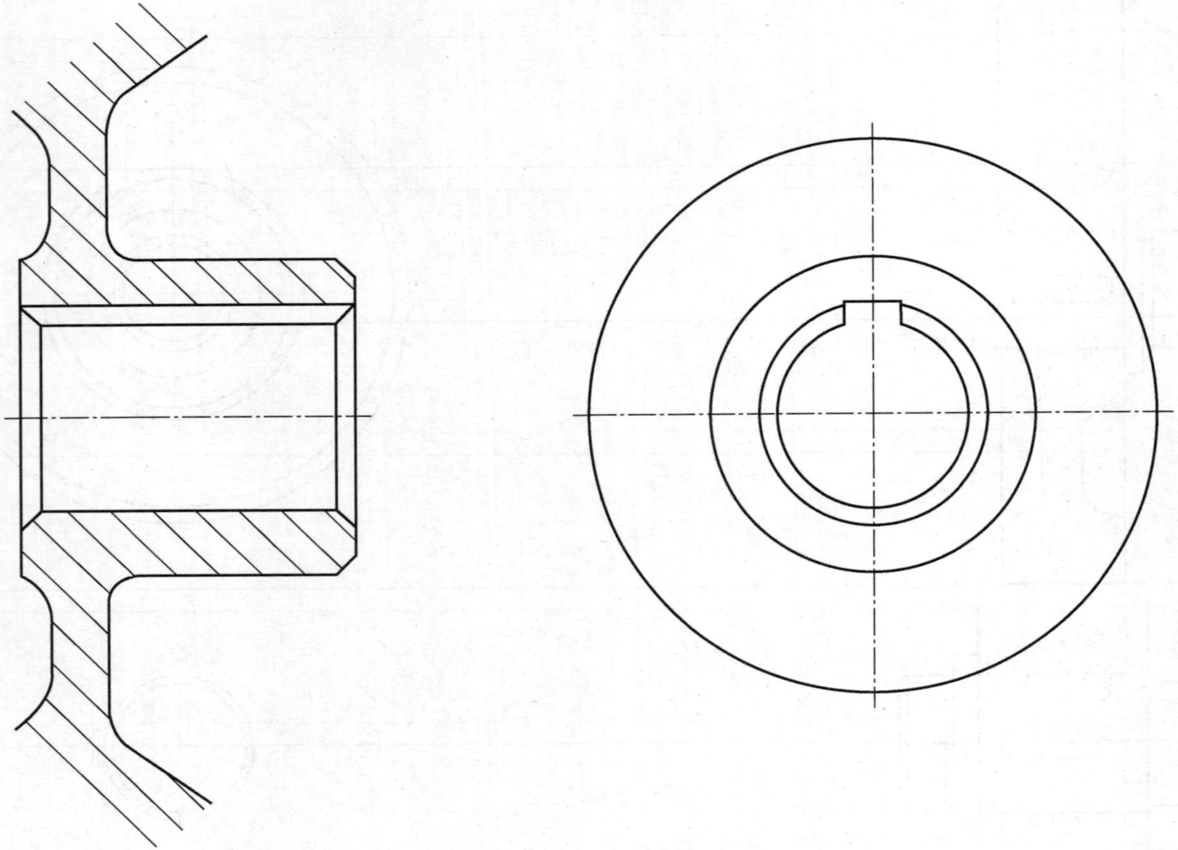

班　级：________　　姓　名：________　　学　号：________

12. 键连接

1. 已知齿轮和轴，用 A 型普通平键连接，轴孔直径为 25mm，键的长度为 20mm。(1) 写出键的规定标记；(2) 查表并确定键和键槽的尺寸，按比例 1∶1 画全下列各视图和断面图，并标注键槽的尺寸。

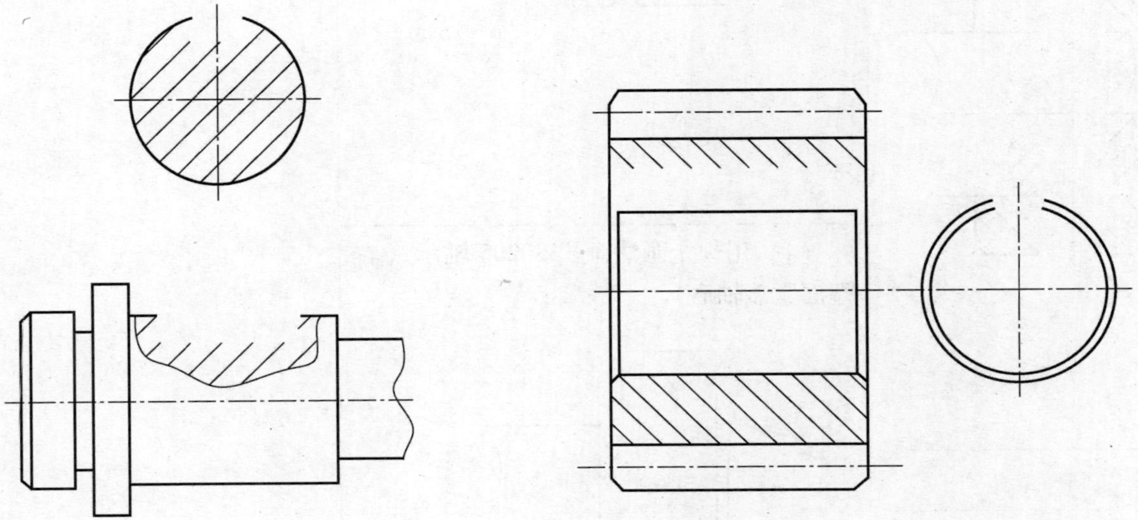

键的规定标记：________________

班　级：________________　　姓　名：________________　　学　号：________________

13. 圆柱销、滚动轴承及弹簧的画法

(1) 齿轮与轴用直径为10mm的圆柱销连接，画出销连接的剖视图，比例1∶1，并写出圆柱销的规定标记。

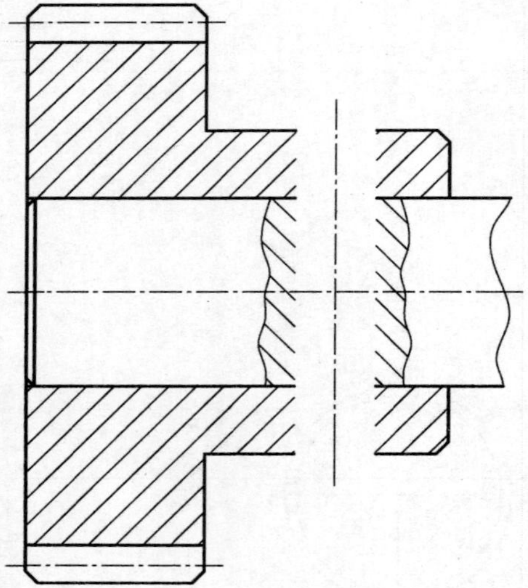

销的规定标记：________________

(2) 用规定画法画出6204轴承（左端面紧靠轴肩）。

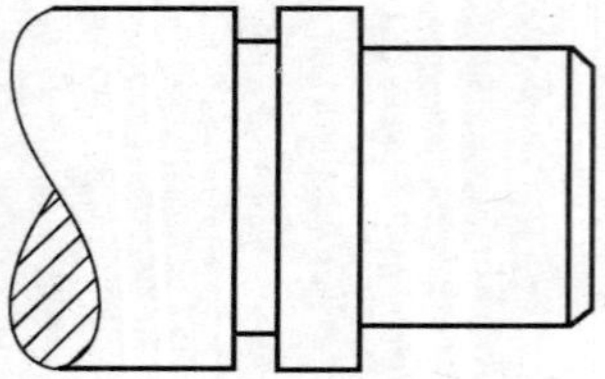

(4) 用规定画法画出30205轴承（右端面紧靠轴肩）。

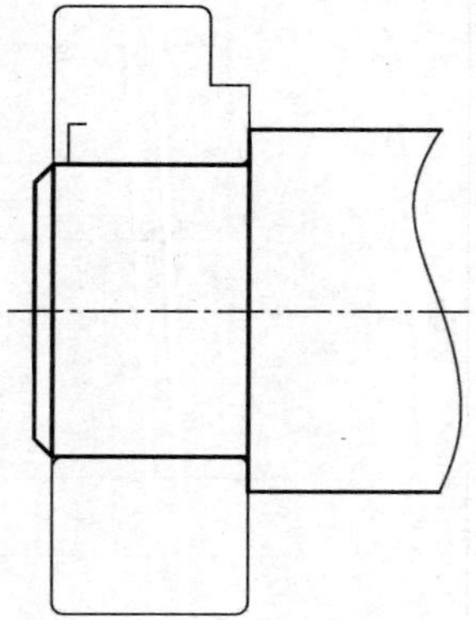

(3) 已知圆柱螺旋压缩弹簧的簧丝直径 $d=5$mm，弹簧外径 $D=55$mm，节距 $t=10$mm，有效圈数 $n=7$，支承圈数 $n=2.5$，右旋，按比例1∶1画出弹簧的视图（轴线水平放置）。

班　级：________　　姓　名：________　　学　号：________

14. 查表并用规定画法画出指定的滚动轴承，并在图上标注尺寸

（1）深沟球轴承6208 GB/T 276—1994。	（2）单向推力球轴承 51208 GB/T 301—1995。	（3）圆锥滚子轴承 32208 GB/T 297—1994。

班　级：________　　姓　名：________　　学　号：________

15. 分析图中的错误画法，并将正确的画在右边图中

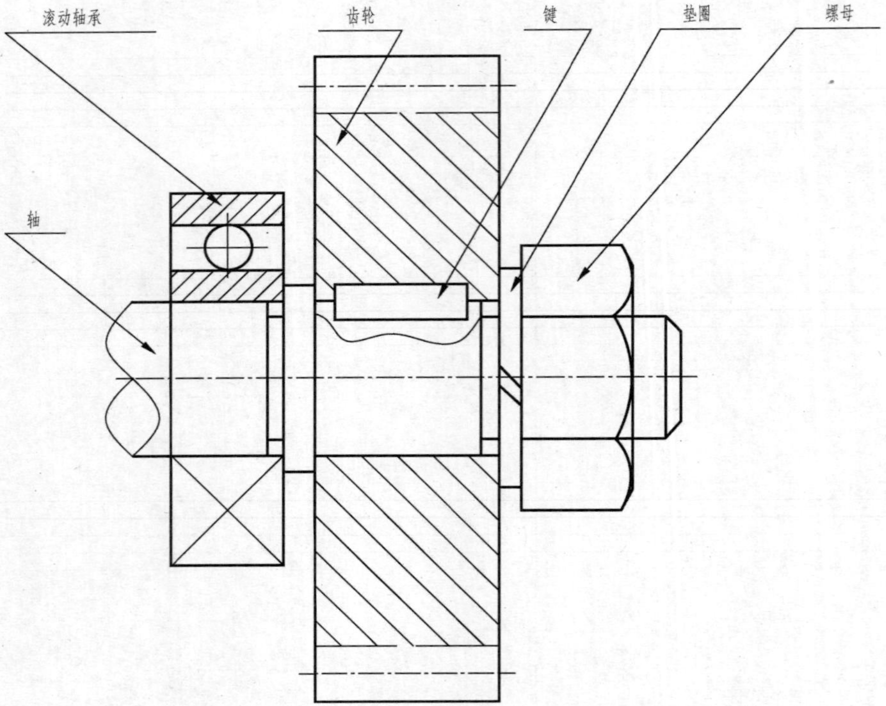

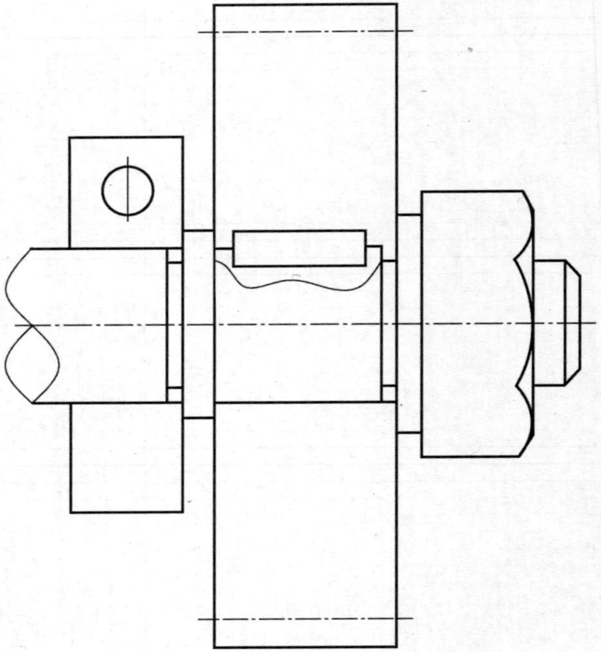

班　级：________　　姓　名：________　　学　号：________

项目八　零件图的技术要求

1. 根据装配图中的尺寸标注填写表格，并在零件图上注出相应的公称尺寸、公差带代号及其极限偏差数值（查表）。

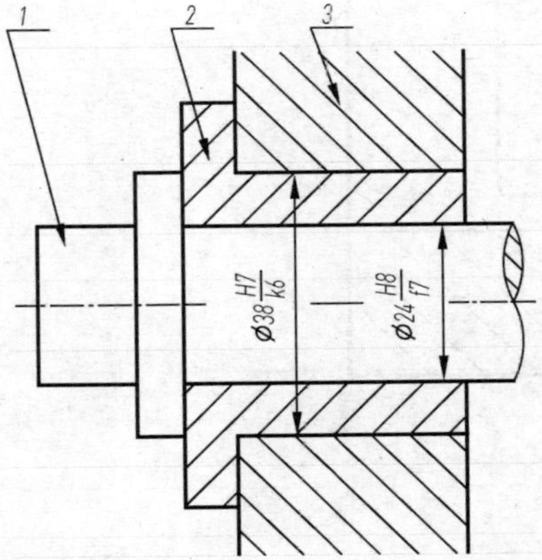

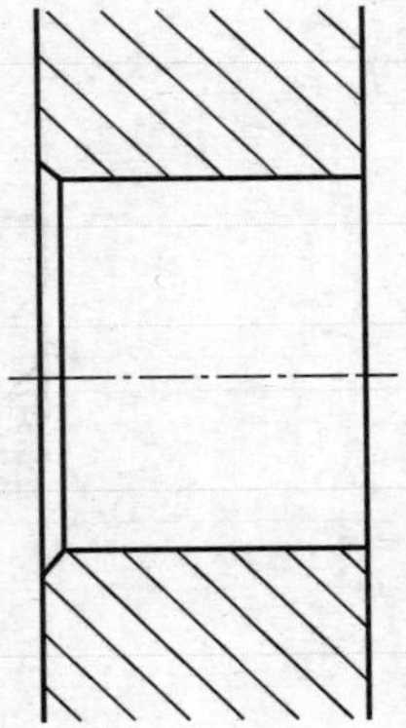

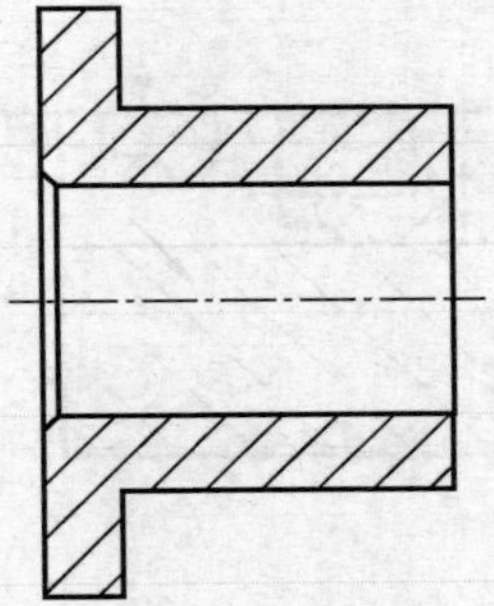

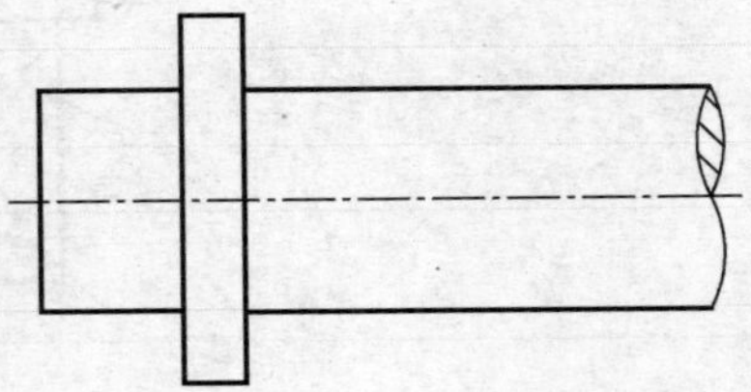

配合代号	配合的零件号	配合制度	配合种类	最大间隙	最小间隙	最大过盈	基准孔的基本偏差代号
$\phi38\ \frac{H7}{k6}$							
$\phi24\ \frac{H8}{f7}$							

班　级：________　　姓　名：________　　学　号：________

2. 解释极限与配合代号的含义，查出偏差值并标注在各零件图上

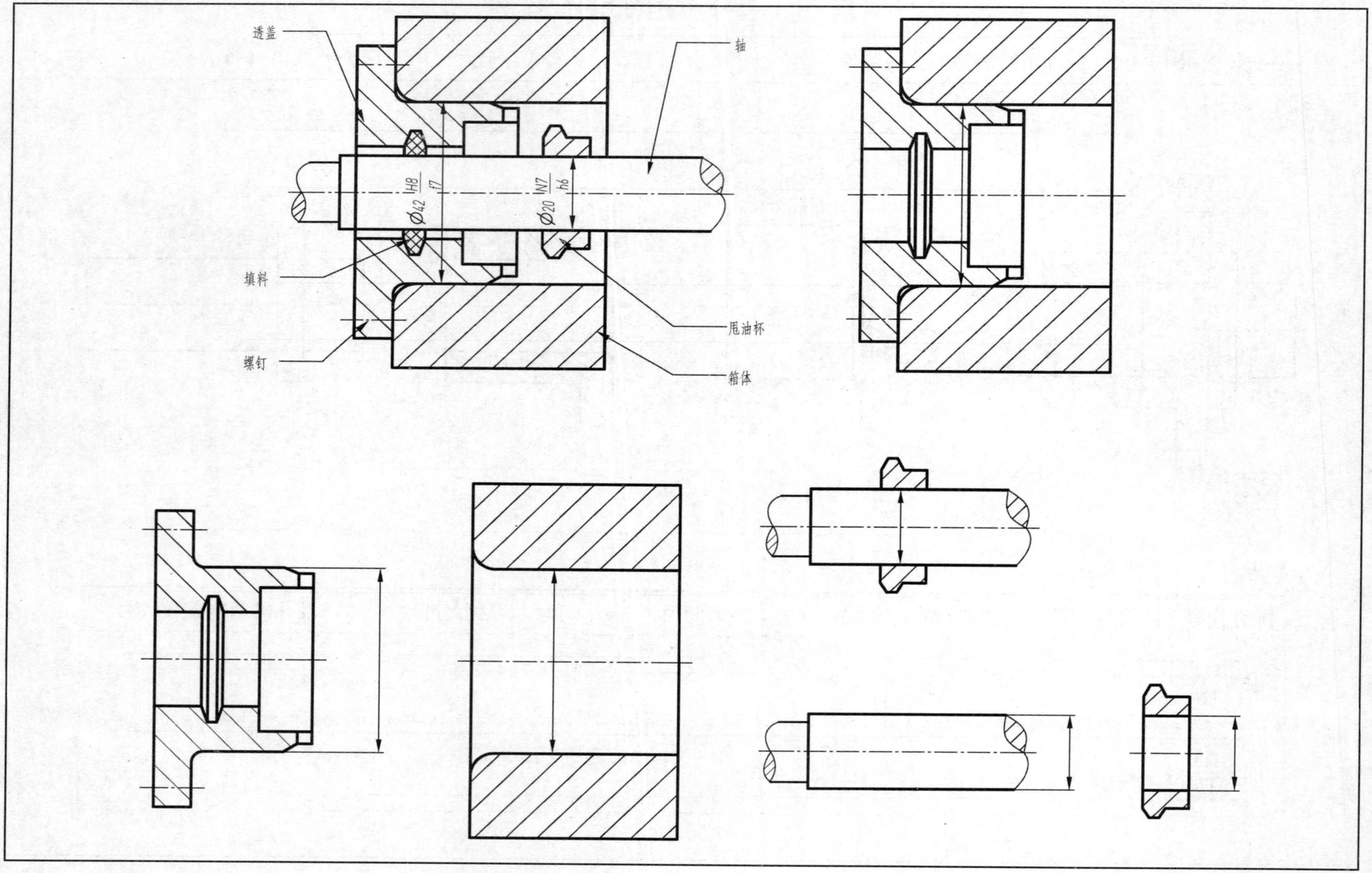

班 级：________ 姓 名：________ 学 号：________

3. 极限与配合练习

根据装配图中所标注的配合代号，说明其配合的基准制、配合种类，并分别在相应的零件图上注写其基本尺寸和公差带代号。

（1）ϕ15H7/g6　基准制：__________

配合种类：______

ϕ25H7/p6　基准制：__________

配合种类：______

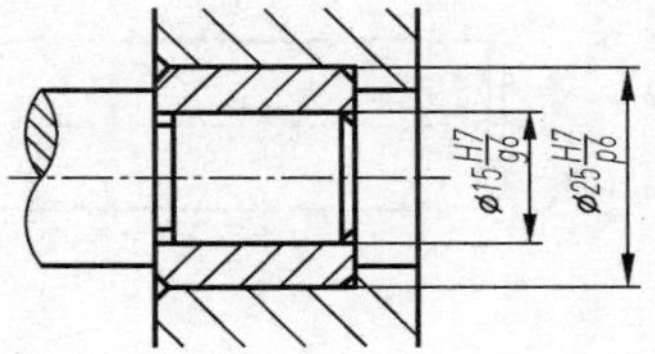

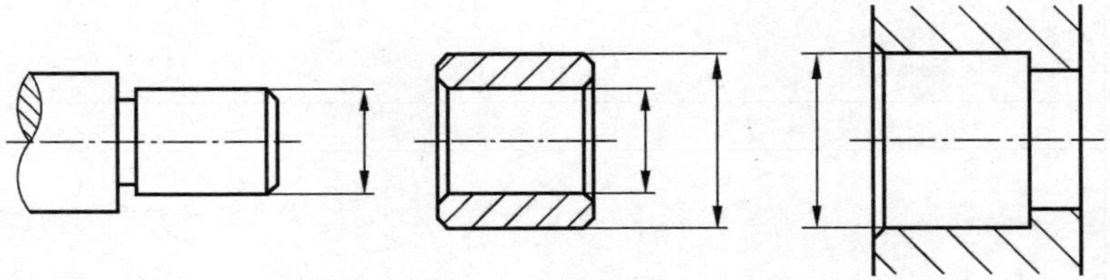

（2）ϕ10G7/h6　基准制：__________

配合种类：______

ϕ10N7/h6　基准制：__________

配合种类：______

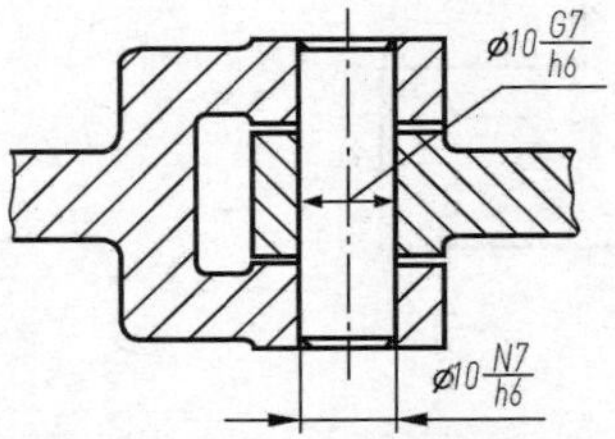

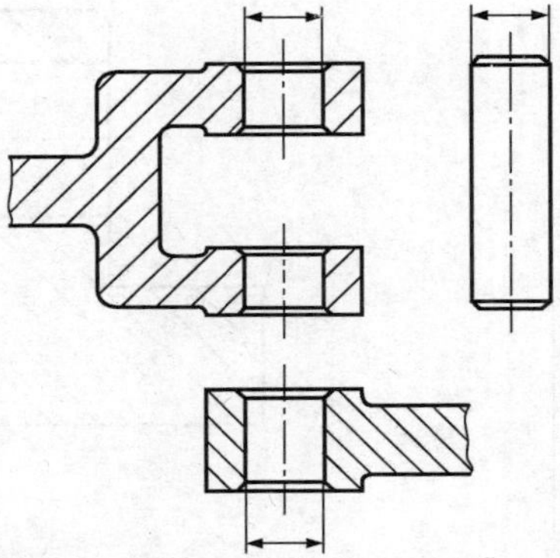

已知孔和轴的基本尺寸为20，采用基轴制配合，轴的公差等级为IT7级，孔的基本偏差代号为F，公差等级为IT8。

（1）在相应的零件图上注出基本尺寸、公差带代号和偏差数值；

（2）在装配图中注出基本尺寸和配合代号；

（3）画出孔和轴的公差带图。

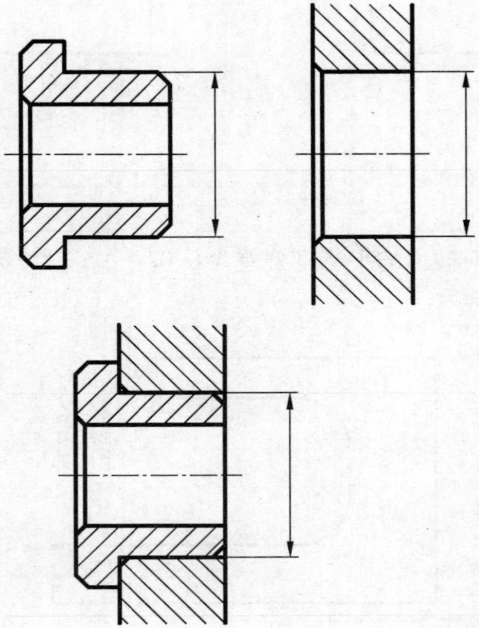

班　级：__________　　姓　名：__________　　学　号：__________

4. 根据已知条件，用形位公差代号在图上作标注（一）

（1）缺口四棱柱上表面的平面度公差为 0.04。

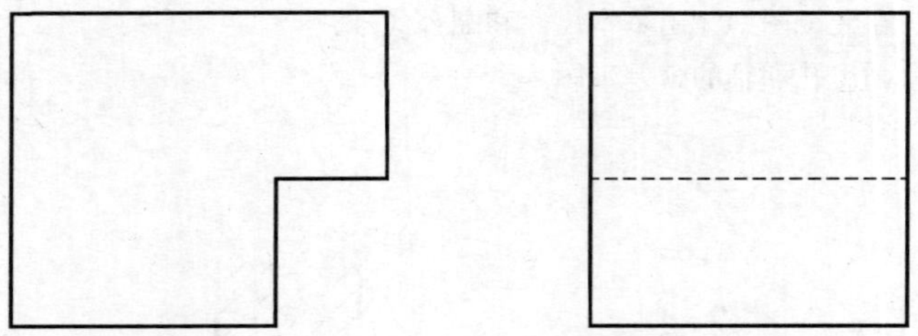

（2）ϕ30g6 的圆柱度公差为 0.01。

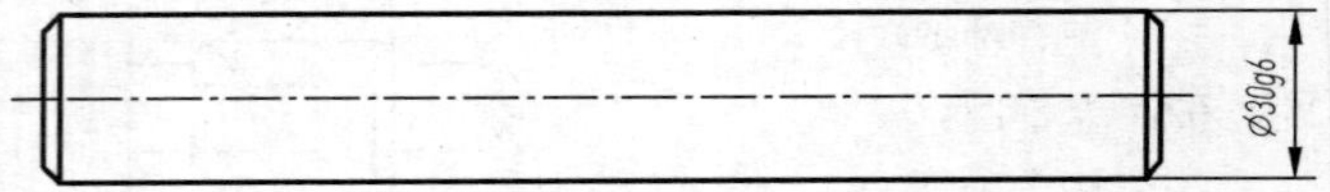

（3）顶面对底面的平行度公差为 0.02。

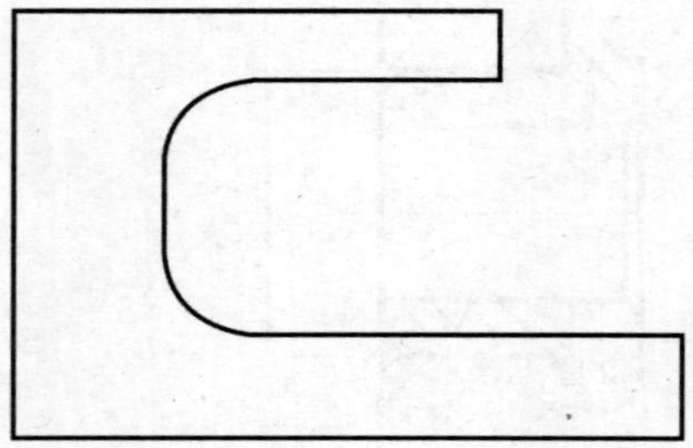

（4）ϕ30H7 轴线对底面的平行度公差为 0.02。

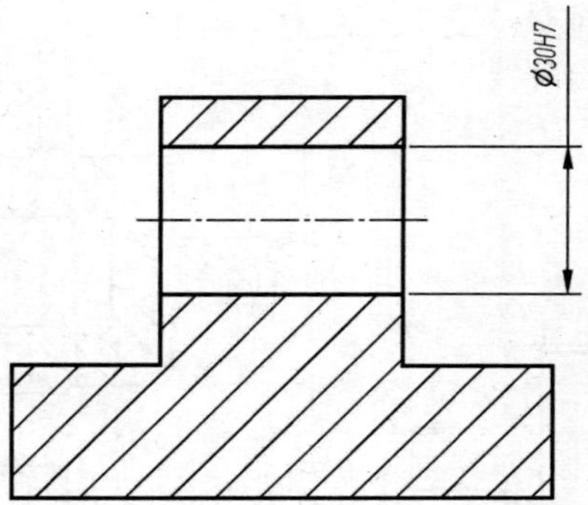

班　级：________　　姓　名：________　　学　号：________

5. 根据已知条件，用形位公差代号在图上作标注（二）

（1）ϕ75m6 轴线对 ϕ50H7 轴线的同轴度公差为 ϕ0.025；ϕ50H7 轴线对右端面的垂直度公差为 ϕ0.04。

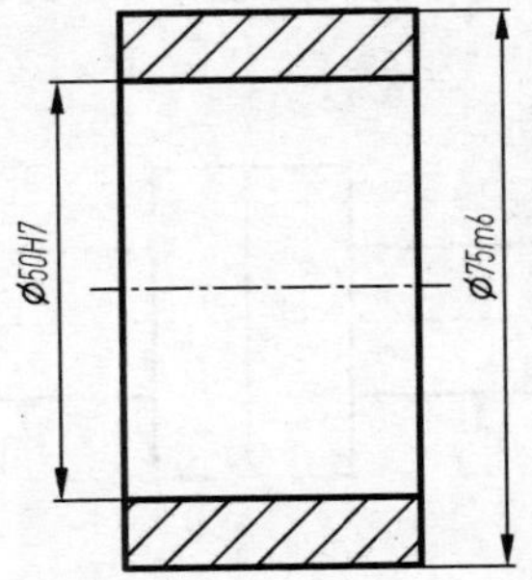

（2）宽为 40mm 的槽两侧面的对称平面对宽为 120mm 的两侧面的对称度公差为 0.05。

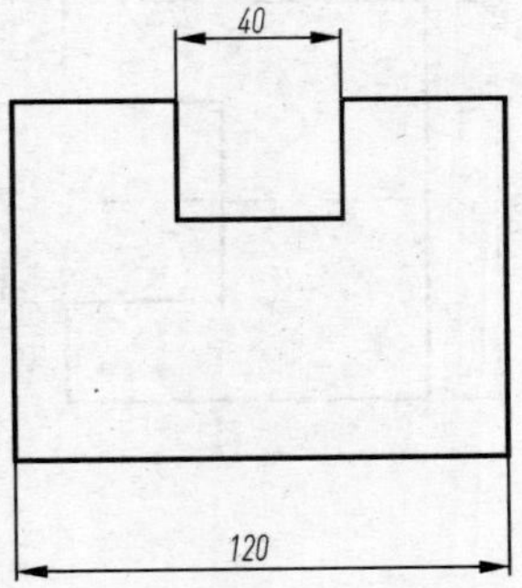

（3）面 *A* 对面 *B* 的垂直度公差为 0.03。

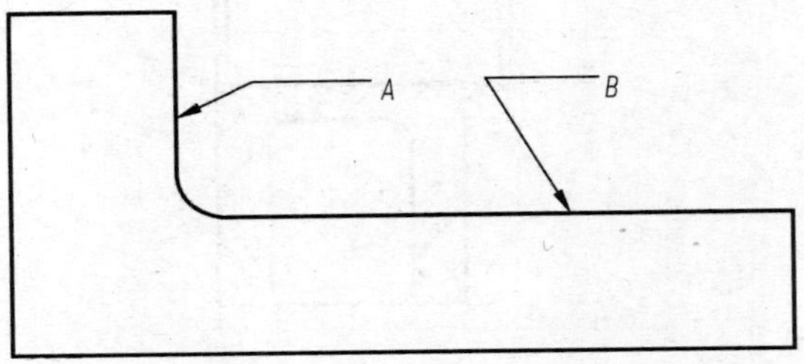

（4）ϕ70 圆柱面对 ϕ50 轴线的径向跳动公差为 0.02；端面 *A* 对 ϕ50 轴线的端面圆跳动公差为 0.04；ϕ50 的圆柱度公差为 0.01。

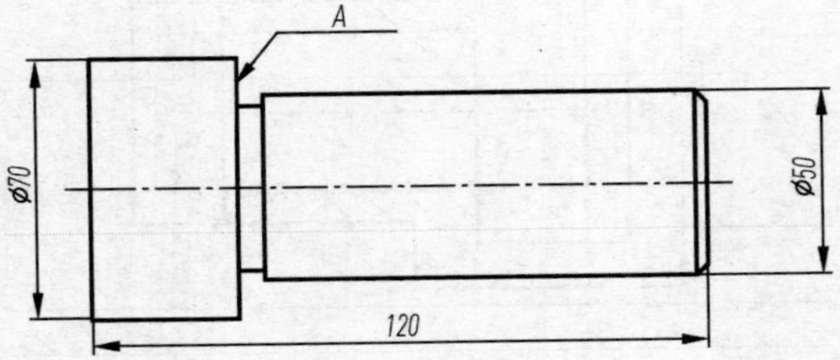

班　级：________　姓　名：________　学　号：________

6. 形位公差练习（把用文字说明的形位公差用其代号标注在图上）

（1）在图上用代号标出：宽 60mm 的槽对距离为 120mm 的两平面的对称度公差为 0.04mm。

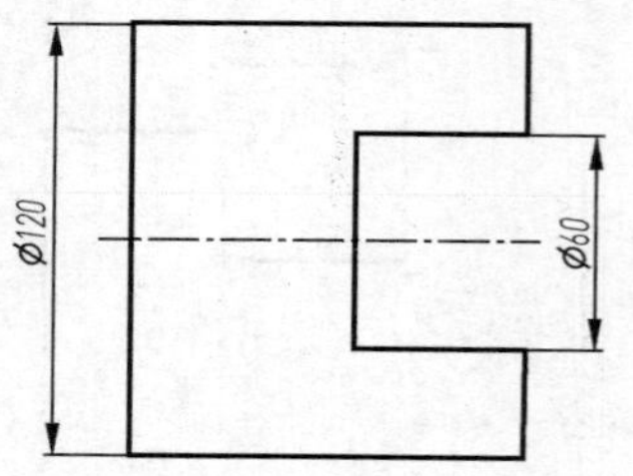

（2）ϕ35 圆柱的轴线对两个 ϕ16 公共基准轴线 *A*—*B* 的同轴度公差为 ϕ0.08；

ϕ35 圆柱的对 ϕ16 轴线的端面圆跳动公差为 0.03mm；

ϕ35 圆柱的对 ϕ16 轴线的端面圆跳动公差为 0.03mm。

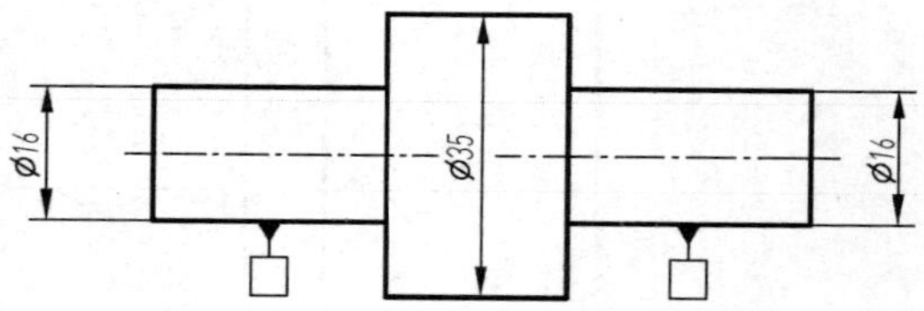

（3）ϕ25h6 圆柱的轴线对 ϕ18H7 圆孔轴线的同轴度公差为 ϕ0.02mm；

右端面 *A* 对孔 ϕ18H7 圆柱轴线的垂直度公差为 0.04mm。

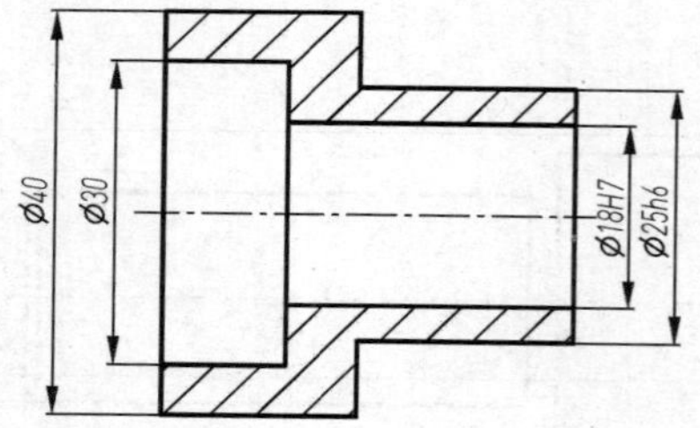

（4）孔 ϕ18mm 轴线的直线度公差为 ϕ0.02mm；

孔 ϕ18mm 的圆度公差为 0.01mm。

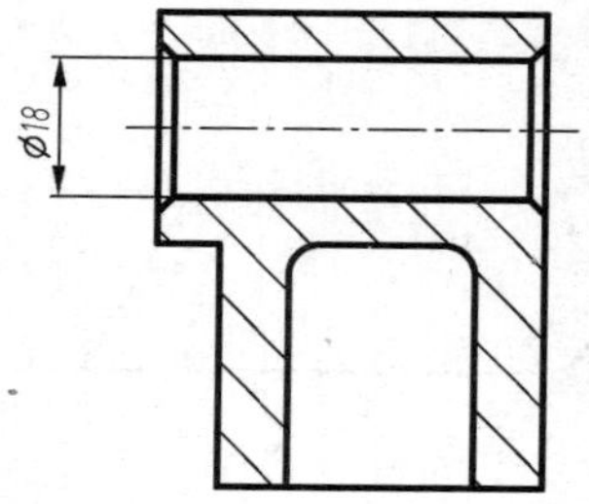

班　级：________　　姓　名：________　　学　号：________

7. 解释几何公差框格中代号的含义（一）

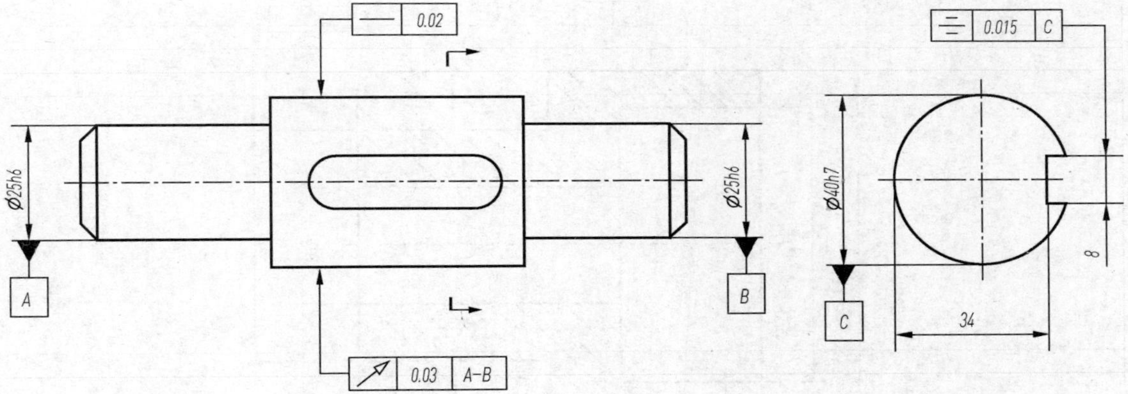

（1）解释 —|0.02 的含义。

被测要素是＿＿＿＿＿＿＿＿＿＿＿＿；几何公差项目是＿＿＿＿＿＿＿＿＿＿＿＿；

公差值是＿＿＿＿＿＿。

（2）解释 ↗|0.03|A–B 的含义。

被测要素是＿＿＿＿＿＿＿＿＿＿＿＿；几何公差项目是＿＿＿＿＿＿＿＿＿＿＿＿；

基准要素是＿＿＿＿＿＿＿＿＿＿＿＿；公差值是＿＿＿＿＿＿＿＿＿＿＿＿。

（3）解释 ⌯|0.015|C 的含义。

被测要素是＿＿＿＿＿＿＿＿＿＿＿＿；几何公差项目是＿＿＿＿＿＿＿＿＿＿＿＿；

基准要素是＿＿＿＿＿＿＿＿＿＿＿＿；公差值是＿＿＿＿＿＿＿＿＿＿＿＿。

班　级：＿＿＿＿＿＿　　姓　名：＿＿＿＿＿＿　　学　号：＿＿＿＿＿＿

8. 解释几何公差框格中代号的含义（二）

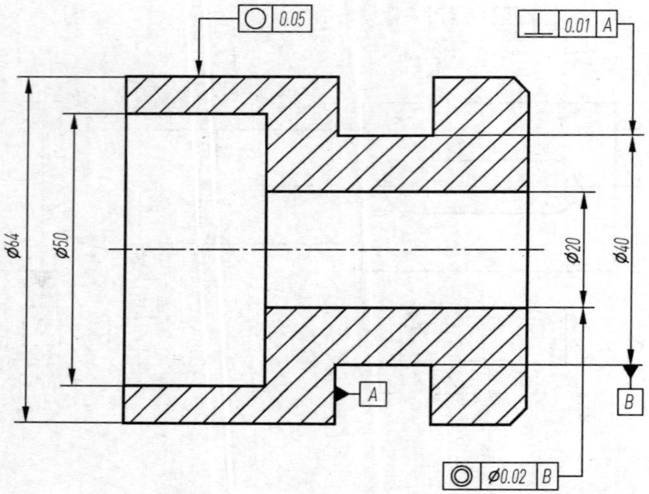

（1）解释○0.05的含义。

被测要素是________________________；几何公差项目是________________________；

公差值是____________。

（2）解释⊥0.01A的含义。

被测要素是________________________；几何公差项目是________________________；

基准要素是________________________；公差值是________________________。

（3）解释◎Ø0.02B的含义。

被测要素是________________________；几何公差项目是________________________；

基准要素是________________________；公差值是________________________。

班　级：____________　　姓　名：____________　　学　号：____________

9. 根据所给定的表面粗糙度 *Ra* 值，用代号标注在图形上

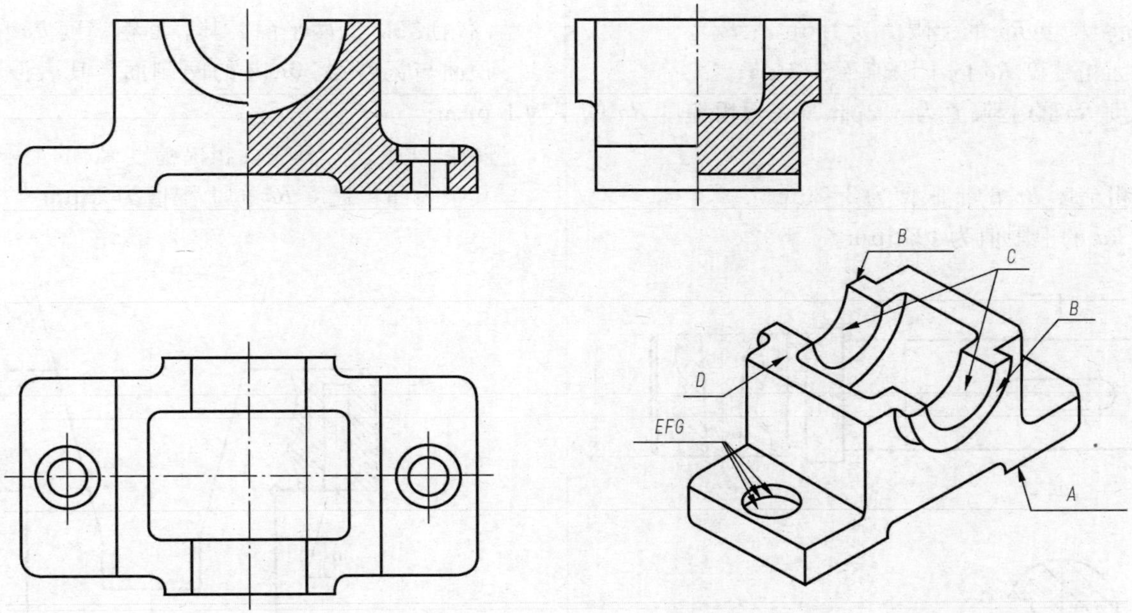

表面	*A*、*B*	*C*	*D*	*E*、*F*、*G*	其余
Ra 值（μm）	12.5	3.2	6.3	25	毛坯面

班　级：________　　姓　名：________　　学　号：________

10. 形位公差练习（把用文字说明的形位公差用代号标注在图上）

（1）具体要求如下。

$\phi20$、$\phi18$ 圆柱面粗糙度 Ra 的上限值为 1. 6μm；

M16 螺纹工作表面粗糙度 Ra 的上限值为 3. 2μm；

键槽两侧面粗糙度 Ra 的上限值为 3. 2μm；底面粗糙度 Ra 的上限值为 6. 3μm；

右侧锥孔内表面粗糙度 Ra 的上限值为 3. 2μm；

其余表面粗糙度 Ra 的上限值为 12. 5μm。

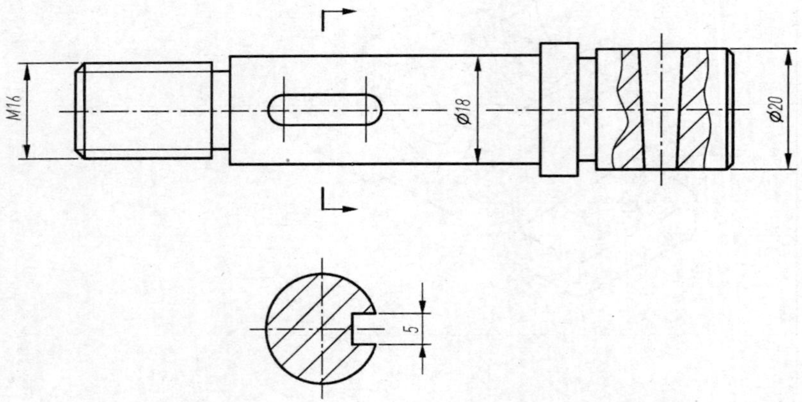

（2）具体要求如下。

倾角成 30°的两平面，其表面粗糙度 Ra 的上限值为 6. 3μm；

顶面与宽度为 30mm 的两侧面，其表面粗糙度 Ra 的上限值为 1. 6μm；

两个 M 平面，其表面粗糙糙度 Ra 的上限值为 3. 2μm；

其余表面粗糙度 Ra 的上限值为 25μm。

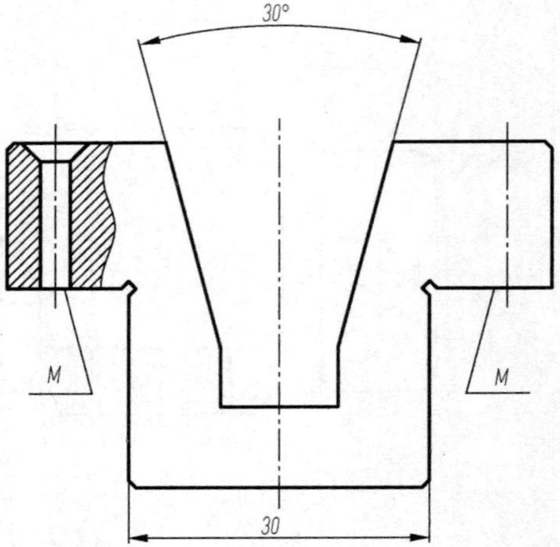

班　级：________　　姓　名：________　　学　号：________

11. 根据已知条件，用形位公差代号在图上作标注（一）

（1）标注中心孔和底面（*Ra* 值均为3.2 μm）的表面粗糙度；
标注阶梯孔（*Ra* 值均为6.3μm）的表面粗糙度；
凹槽底面与侧面（*Ra* 值均为6.3μm）的表面粗糙度；
其余均为铸造表面。

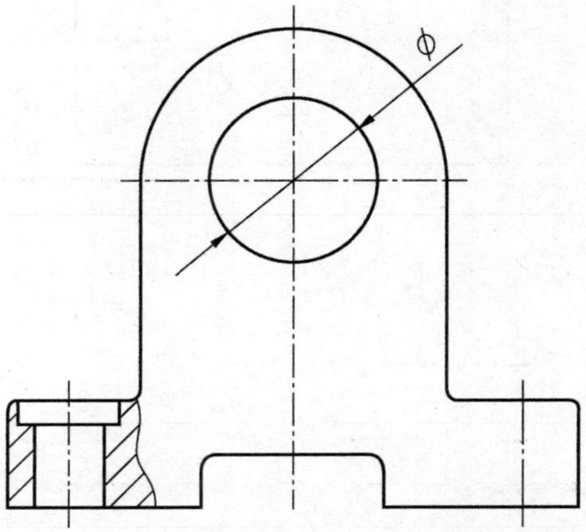

（2）找出上图中表面粗糙度标注错误，并在下图中加以改正。

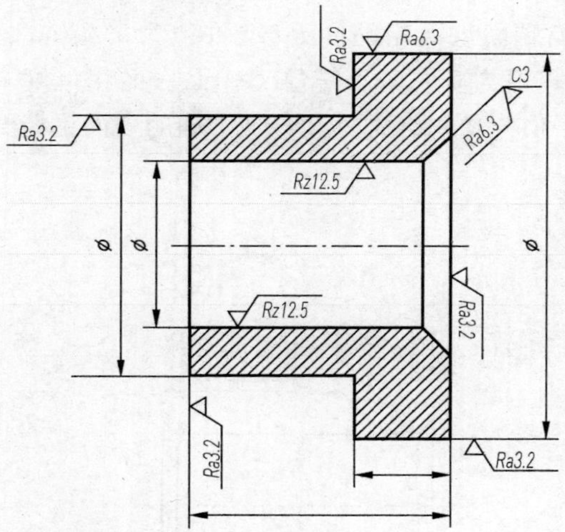

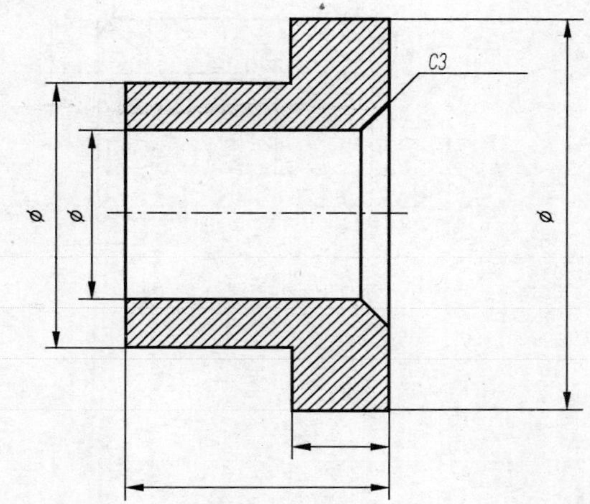

班　级：________　　姓　名：________　　学　号：________

12. 根据已知条件，用形位公差代号在图上作标注（二）

（1）直径为 ϕ50mm 的圆柱外表面粗糙度 *Ra* 的允许值为 3.2μm；左端面的表面粗糙度 *Ra* 的允许值为 1.6μm；直径为 ϕ50mm 的圆柱右端面表面粗糙度 *Ra* 允许值为 1.6μm；内孔表面粗糙度 *Ra* 的允许值为 0.4μm；螺纹工作面表面粗糙度 *Rz* 最大值为 1.6μm，最小值为 0.8μm；其余各加工面的表面粗糙度 *Ra* 的允许值为 25μm。

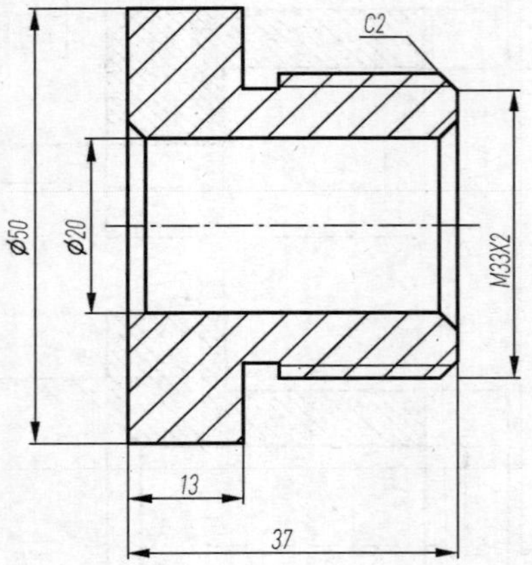

（2）左、右侧面要求 *Ra* 上限值为 3.2，上、下侧面要求 *Ra* 值为 6.3，孔表面要求 *Ra* 上限值为 1.6。

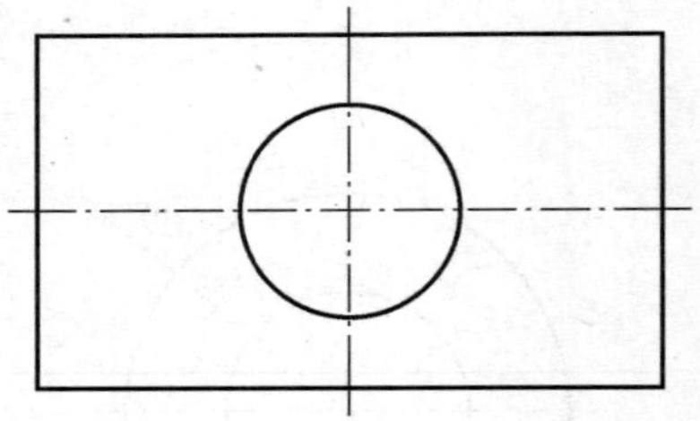

班　级：________　姓　名：________　学　号：________

13. 根据已知条件，用形位公差代号在图上作标注（三）

（1）将表面粗糙度标注在指定的齿轮表面上：
轮齿工作面和轴孔的 *Ra* 为 1.6；
齿轮两端面及倒角的 *Ra* 为 3.2；
键槽两侧面的 *Ra* 为 3.2，顶面的 *Ra* 为 12.5；
其余表面不去除材料。

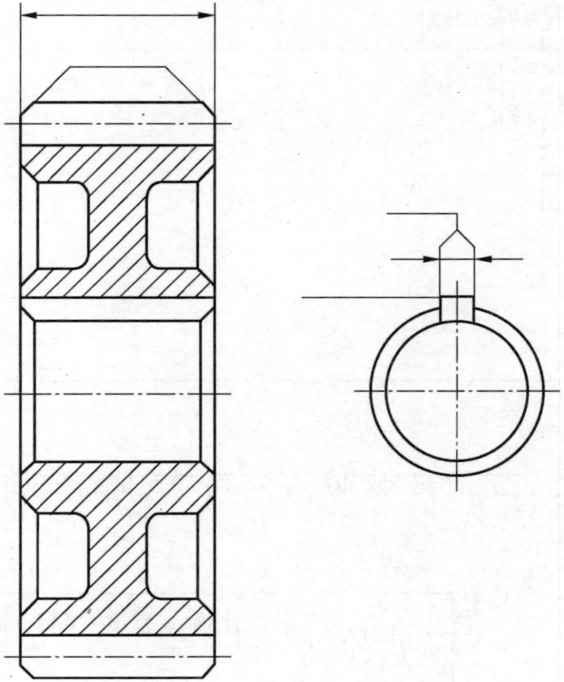

（2）圆锥面 *a* 的表面粗糙度参数 *Ra* 的上限值为 3.2μm。
端面 *c* 和端面 *b* 的表面粗糙度参数 *Ra* 的最大值为 3.2μm。
ϕ 孔采用拉削加工，表面粗糙度参数 *Ra* 的最大值为 6.3μm，标注加工纹理方向。
键槽两侧面的表面粗糙度参数 *Rz* 的上限值为 12.5μm。
其余表面的表面粗糙度参数 *Ra* 的上限值为 12.5μm。

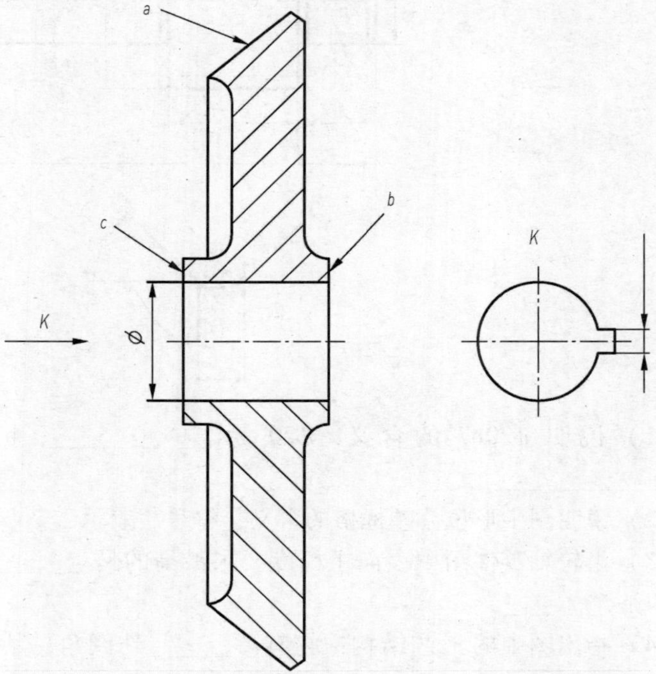

班　级：________　姓　名：________　学　号：________

项目九　零件图

1. 读齿轮轴零件图，并完成下列题目

模数	m	2
齿数	z	18
压力角	α	20°

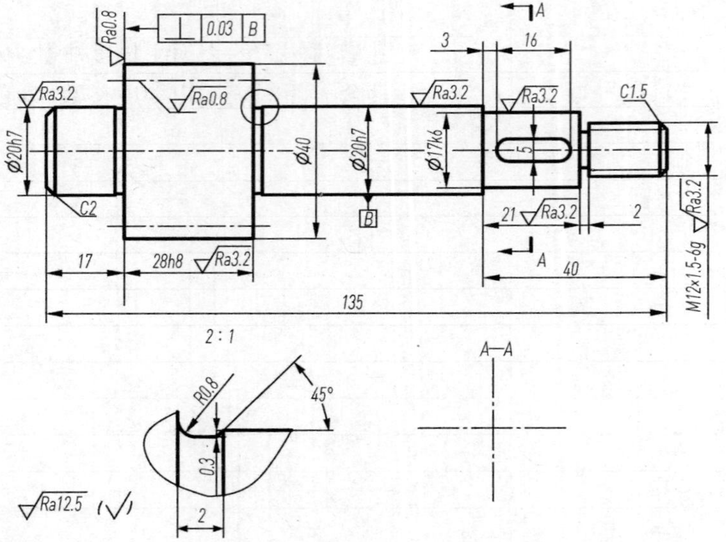

(1) 说明 ϕ20h7 的含义：ϕ20 为________，h7 是________，若将 ϕ20h7 写成有上下偏差的形式，注法是________。

(2) 说明图中形位公差框格的含义：符号⊥表示________，数字 0.03 是________，*B* 是________。

(3) 齿轮轴零件图中表面粗糙度要求最高的是________，共有________处；要求最低的是________。

(4) 指出图中的工艺结构：它有________处倒角，其尺寸分别为________，有________处退刀槽，其尺寸为________。

(5) 在指定位置画出 *A*—*A* 的断面图。

齿轮轴	比例	数量	材料	（图号）
			45	
制图			（校名）	
校核				

班　级：________　　姓　名：________　　学　号：________

2. 读螺纹轴零件图，并完成下列题目

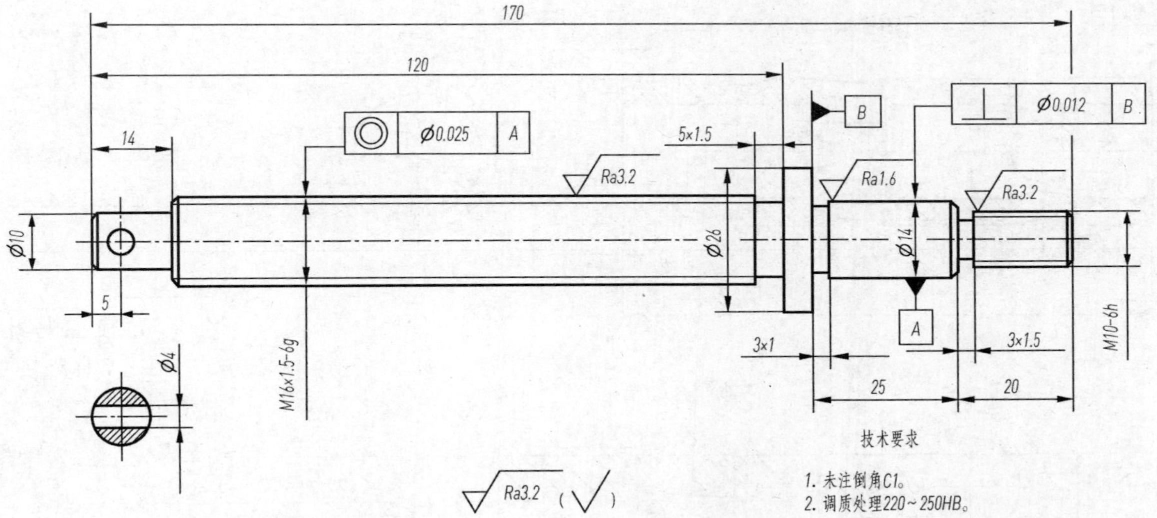

（1）此零件是______类零件，主视图符合______位置原则。主视图下方1个图形为______图，用来表达______结构；

（2）说明图中形位公差框格的含义：符号⊥表示______，ϕ0.012是______，B是______。符号◎表示______，ϕ0.025是______，A是______。

（3）M16×1.5—6g的含义是______。

（4）螺纹轴零件图中表面粗糙度要求最高的是______，共有______处；要求最低的是______。

（5）指出图中的工艺结构：它有______处倒角，其尺寸分别为______，有______处退刀槽，其尺寸为______。

（6）左端ϕ4的孔采用定位尺寸是多少______。

螺纹轴	比例	数量	材料	（图号）
			45	
制图			（校名）	
校核				

班 级：______ 姓 名：______ 学 号：______

3. 读轴套零件图，并完成下列题目

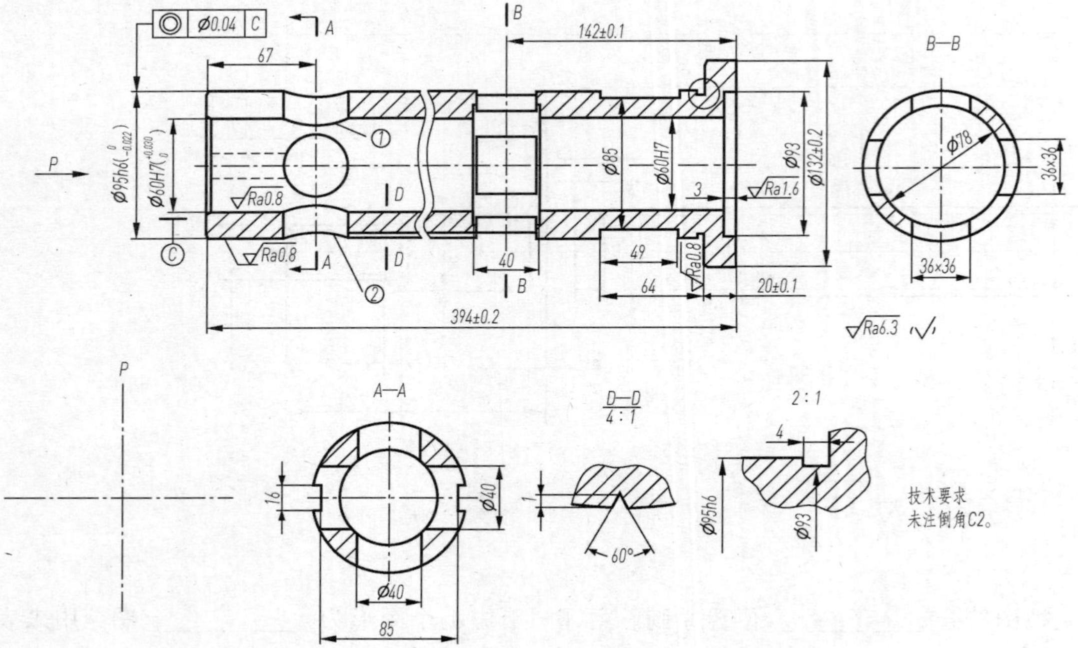

（1）该零件名称为______，材料为______，采用了______比例。

（2）该零件共用了____个图形来表达，其中主视图作了______，并采用了______画法；*A*—*A* 是______图，*B*—*B* 是______，*D*—*D* 是______，还有一个图是______。

（3）在主视图中，左边两条虚线表示______，其距离是____，与其右边相连的圆的直径是______。中间正方形的边长为______，中部40长的圆柱孔的直径是______。

（4）该零件长度方向的尺寸基准是______，宽度和高度方向的尺寸基准是______。

（5）主视图中，67 和 142 ±0.1 属于______尺寸，40 和 49 属于______尺寸；序号①所指的曲线是______与______的相贯线，序号②所指的曲线是______与______的相贯线。

（6）尺寸 ϕ132 ±0.2 的上偏差是______，下偏差是______，上极限尺寸是______，下极限尺寸是______，公差是______。

（7）轴套零件上表面 *Ra* 值要求最高的是______，最低的是______。

（8）[◎ | ø0.04 | C]表示________对________的________要求，公差值为________。

（9）在指定位置处画出 *P* 向视图。

<table>
<tr><td rowspan="2" colspan="2">轴套</td><td>比例</td><td>数量</td><td>材料</td><td rowspan="2">（图号）</td></tr>
<tr><td></td><td></td><td>45</td></tr>
<tr><td>制图</td><td></td><td></td><td colspan="3" rowspan="2">（校名）</td></tr>
<tr><td>校核</td><td></td><td></td></tr>
</table>

班　级：____________　　姓　名：____________　　学　号：____________

4. 读螺纹轴零件图，并完成下列题目

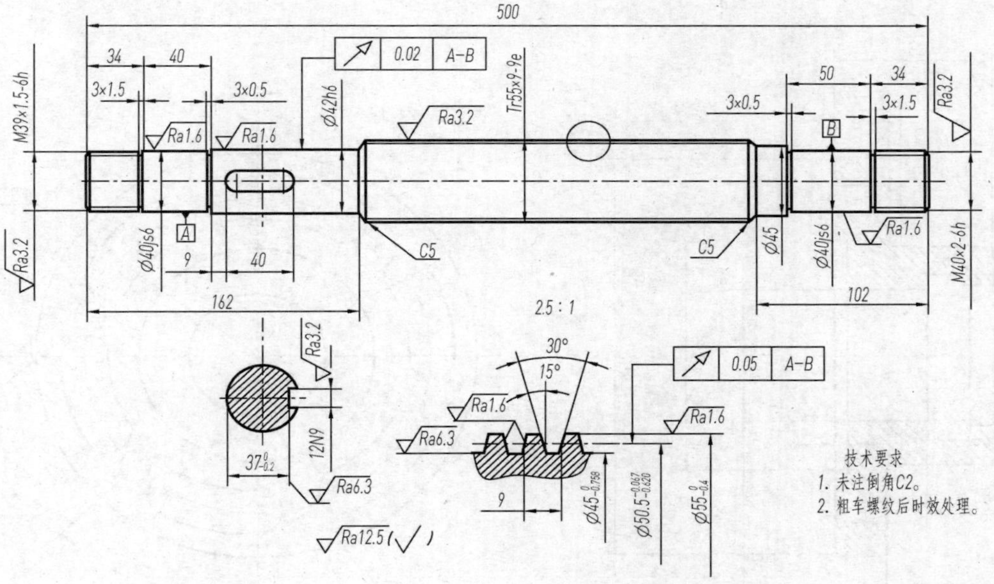

（1）该零件共用了______个图形来表达，主视图下方两个图采用了____________、____________画法。

（2）说明图中形位公差框格的含义：符号↗表示____________，0.02 表示________，*A*—*B* 表示________。M40 × 2—6h 的含义是________________________。

（3）主视图中的 ϕ40js6 的含义________________________。

（4）螺纹轴零件图中表面粗糙度要求最高的是______，共有______处；要求最低的是________。

（5）指出图中的工艺结构：它有______处倒角，其尺寸分别为____________，有______处退刀槽，其尺寸为________________________。

螺纹轴	比例	数量	材料	（图号）
			45	
制图			（校名）	
校核				

班　级：____________　　姓　名：____________　　学　号：____________

5. 读盘盖零件图，并完成下列题目

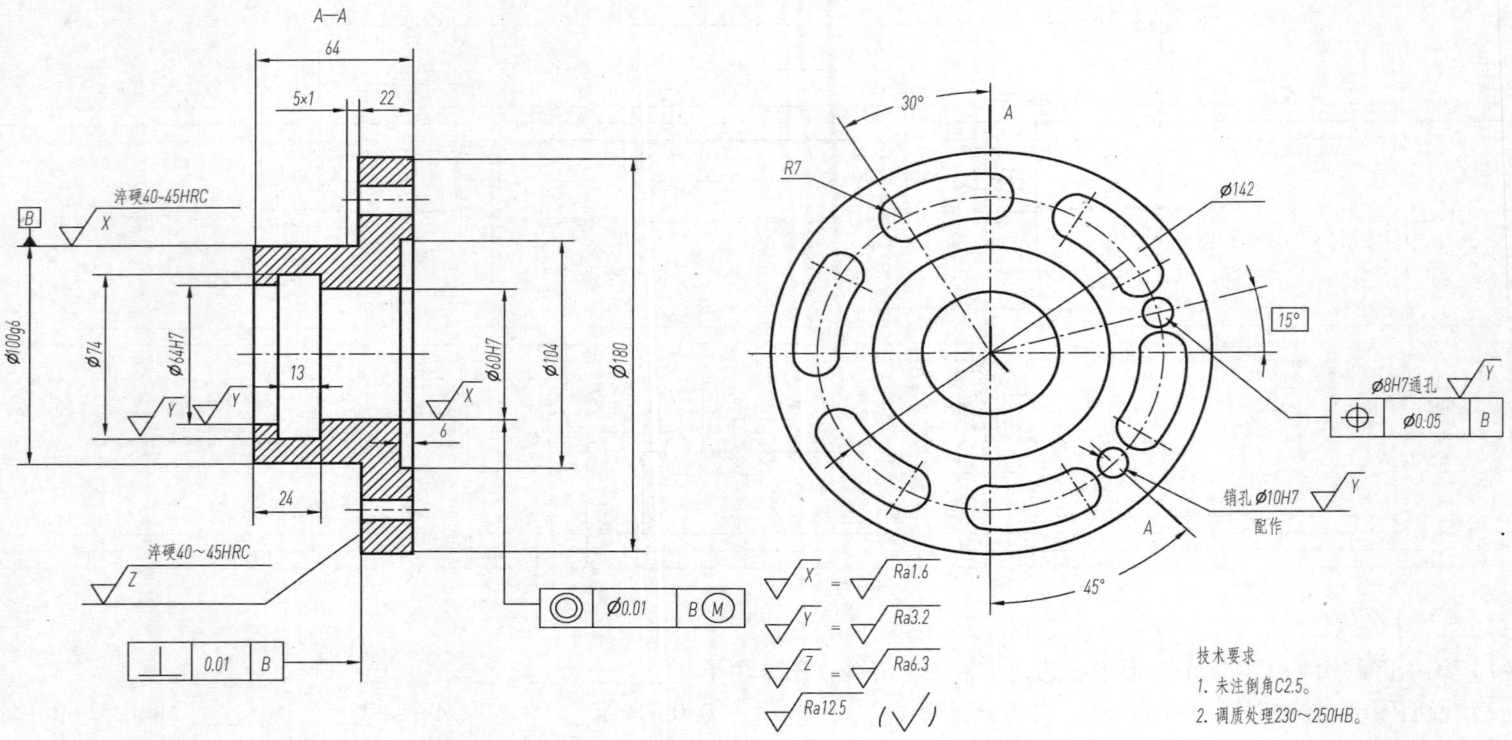

(1) 套筒上销孔 ϕ10H7 配作的含意是________________________。

(2) 该零件共用了______个图形来表达，主视图用了________________画法。

(3) ϕ8H7 通孔的定位尺寸是________________________。

(4) 查表将 ϕ100g6 写成有上下偏差的形式，________________________。

(5) 画出右视图的外形图。

盘盖	比例	数量	材料	(图号)
			HT200	
制图			(校名)	
校核				

班 级：__________ 姓 名：__________ 学 号：__________

6. 读端盖零件图，并完成下列题目

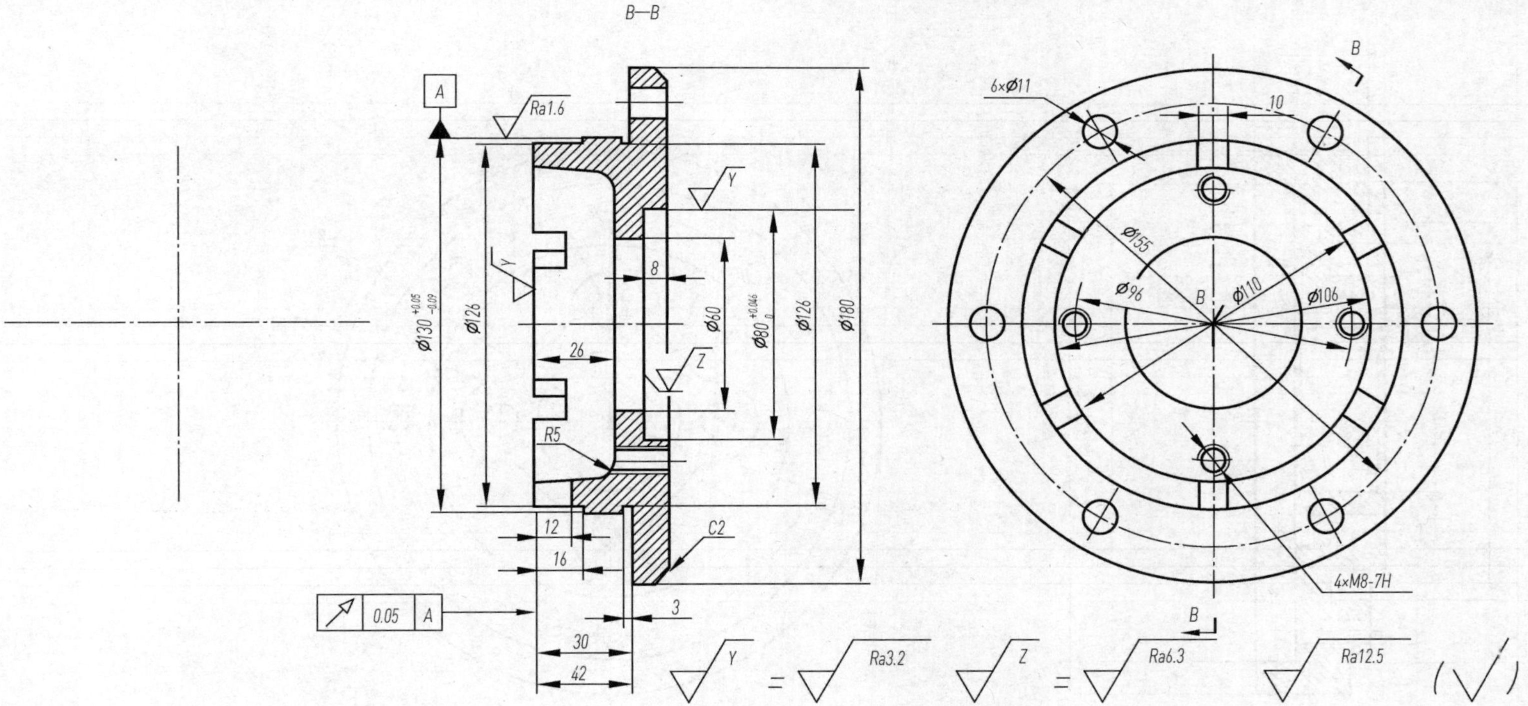

（1）主视图采用了__________剖的__________剖视图。

（2）端盖上有__________个槽，它们的宽度为__________，深度为__________。

（3）端盖的周围有__________个圆孔，它们的直径为__________，定位尺寸为____________________。

（4）零件表面要求最高的表面粗糙度代号为__________，要求最低的为__________。

（5）在给定位置画出右视图的外形图，并解释 ↗ 0.05 A 含义。

端盖	比例	数量	材料	（图号）
			HT200	
制图				（校名）
校核				

班　级：__________　　姓　名：__________　　学　号：__________

7. 读通盖零件图，并完成下列题目

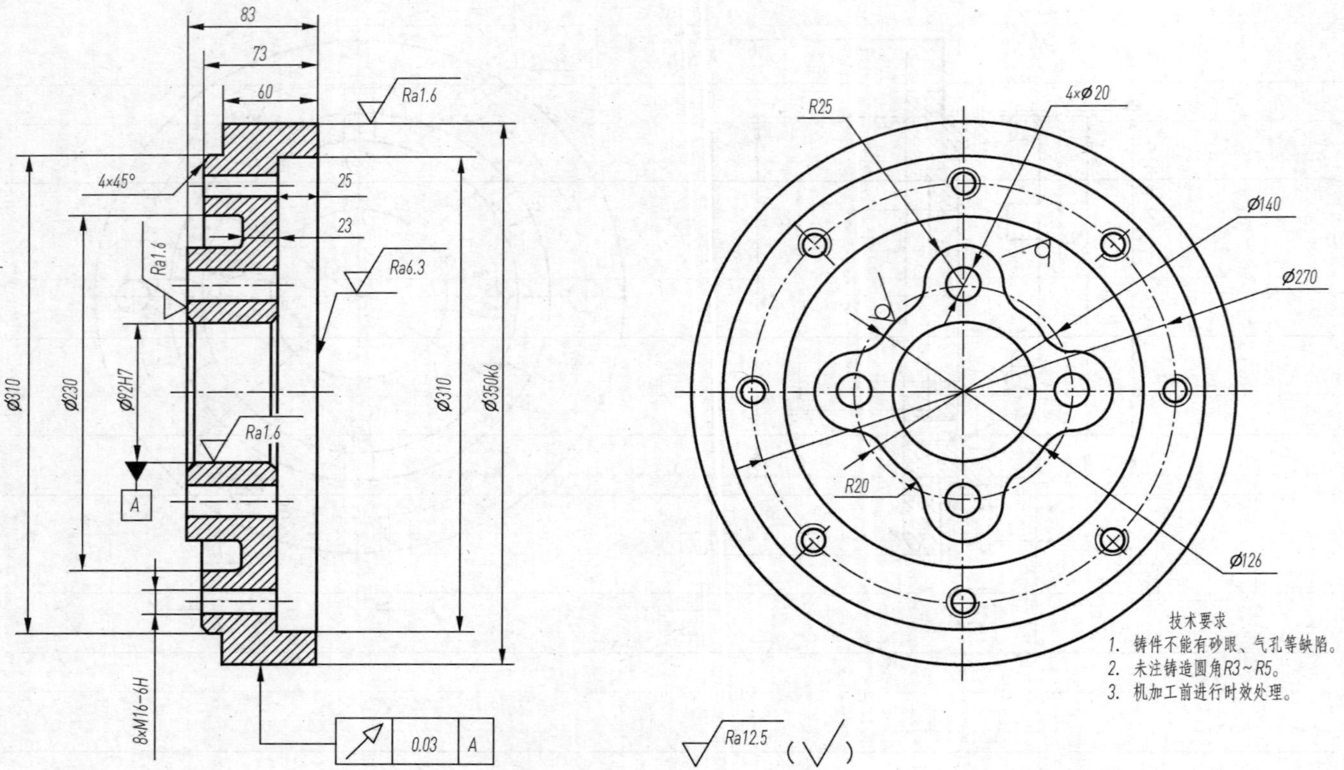

(1) 该零件的名称是____________，属于____________类零件。

(2) 该零件用了____________个基本视图，分别是什么视图____________。

(3) 在空白位置画出右视图的外形图。

通盖	比例	数量	材料	(图号)
			HT200	
制图			(校名)	
校核				

班　级：__________　　姓　名：__________　　学　号：__________

8. 读箱体零件图，并完成下列题目

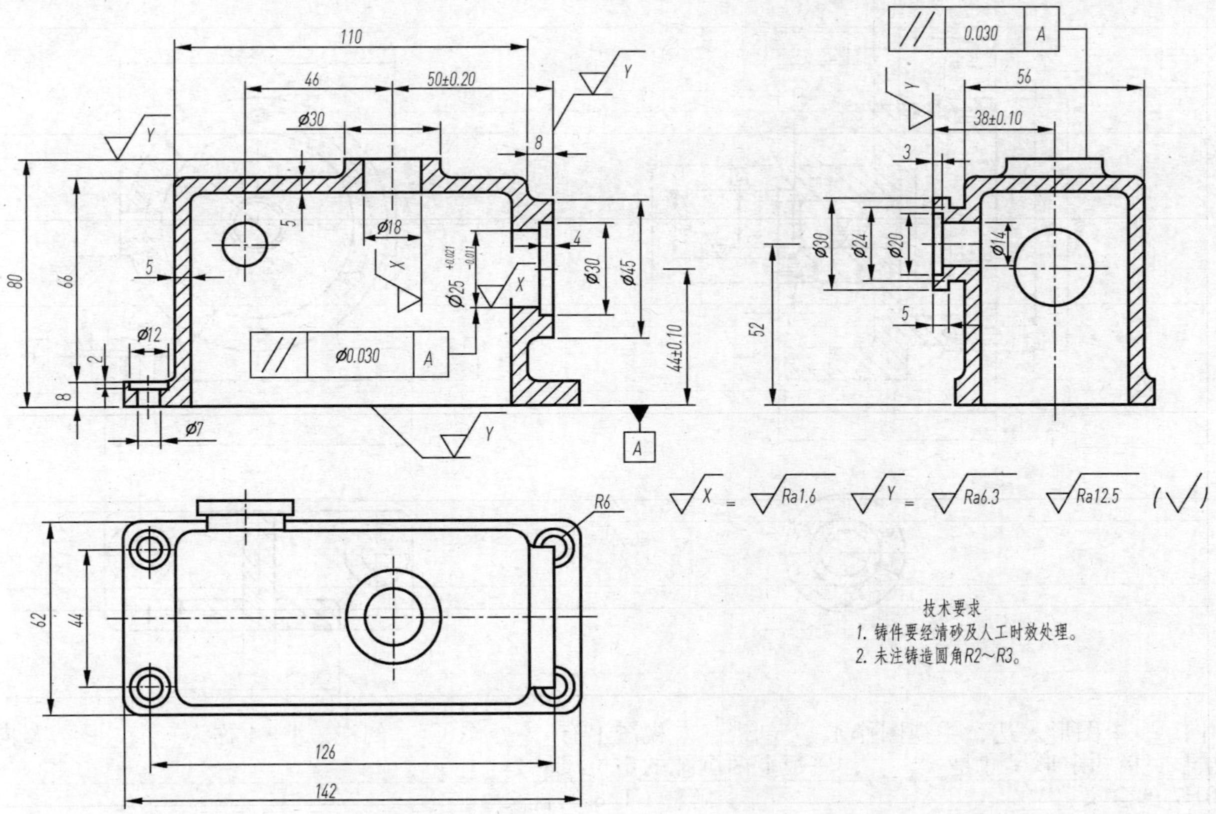

（1）阀体零件图采用了哪些表达方法？各视图的作用如何？

（2）找出主视图中 ϕ18 的定位尺寸。

（3）试对阀体上下底面提出一两点形位公差要求，并用代号标注在图形上。

（4）试将阀体左视图改成局部剖，比较两种表达方法的特点。

（5）该零件的哪个表面尺寸精度要求最高？

箱体	比例	数量	材料	（图号）
			HT150	
制图		（校名）		
校核				

班　级：＿＿＿＿＿＿　　姓　名：＿＿＿＿＿＿　　学　号：＿＿＿＿＿＿

9. 读泵体零件图，并完成下列题目

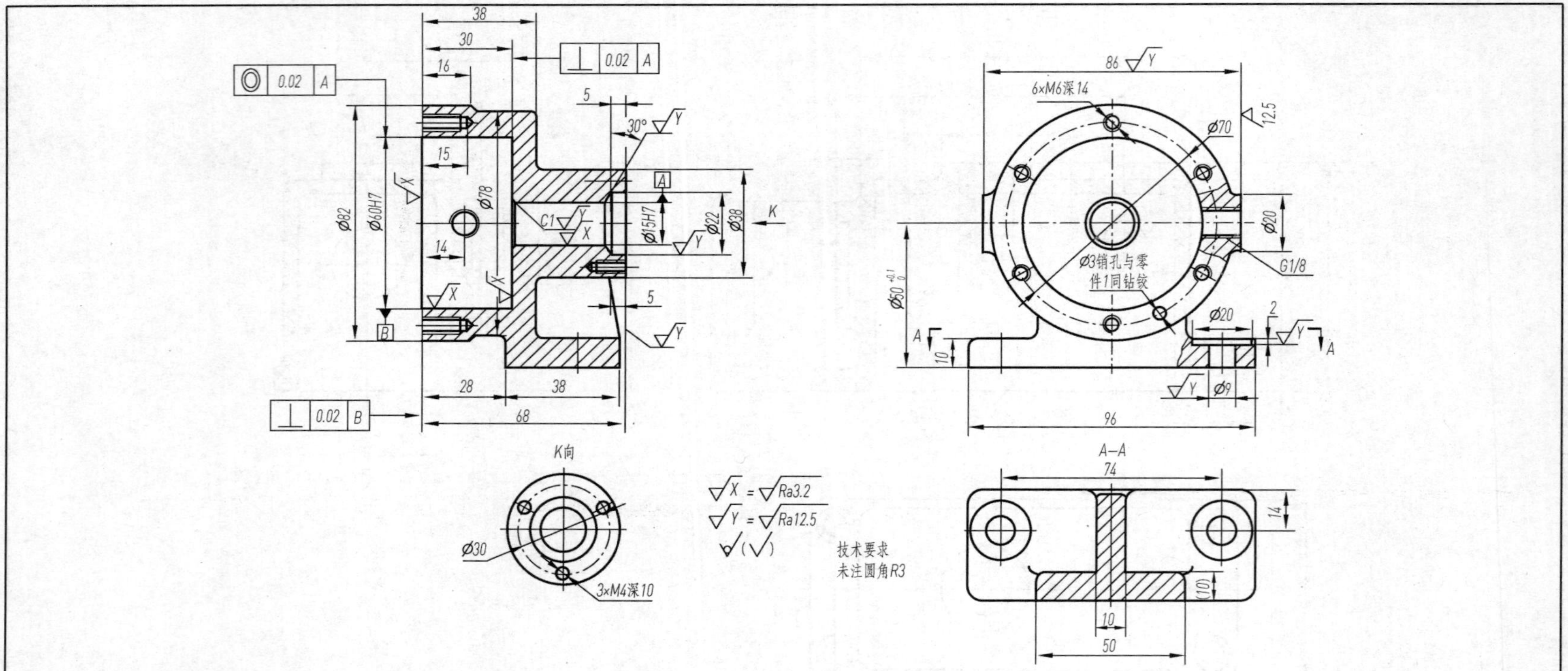

(1) 泵体共用了___个图形表达，主视图作了___剖视，左视图上有___处作了___剖视，A—A 称为______图，K 向称为______图。

(2) 泵体长方形底板的定形尺寸是______，底板上两沉孔的定位尺寸是______。

(3) 解释 ϕ60H7 的含义______________________。解释 G1/8 的含义______________________。

(4) 泵体上共有大小不同的螺纹孔________个，它们的螺纹标注分别是

______________________。

(5) 左视图中最大粗实线圆的直径是______，与其同心的最小粗实线圆的直径是____。K 向视图中三个同心粗实线圆的直径分别是______、______、______。

(6) 解释符号 ◎ 0.02 A 的含义______________________。

(7) ϕ15H7 内孔表面及 ϕ38 外圆表面的表面粗糙度要求分别是____、____。

泵体	比例	数量	材料	(图号)
		1	HT150	
制图			(校名)	
校核				

班　级：____________　　姓　名：____________　　学　号：____________

10. 读减速器箱体零件图，并完成下列题目

（1）减速箱箱体零件共用了________个基本视图来表达，其中主视图和左视图均采用了________。

（2）减速箱箱体上，尺寸为 $\phi52^{+0.03}_{0}$ 的内孔有______个，其基本尺寸是______，上偏差是______，下偏差是______，上极限尺寸是______，下极限尺寸是________，公差是______，内孔表面的粗糙度要求是______。

（3）该零件上尺寸为 M6 的螺纹孔共有______个，其中 M 表示______，6 表示______，因为是______螺纹，所以螺距没有标注出来。

（4）分析主视图尺寸，$\phi64$ 是______尺寸，$\phi52^{+0.03}_{0}$ 是______尺寸，$\phi76$ 是______尺寸，70 是______尺寸，$63^{+0.025}_{0}$ 是______尺寸，120 是______尺寸。

（5）该零件长方形底板的定形尺寸是______，底板下面的凹槽定形尺寸是______，底板上有______个______圆孔，其定位尺寸是______。

（6）该零件长度方向的尺寸基准是______，宽度方向的尺寸基准是______，高度方向的尺寸基准是______。

（7）该零件的材料是______，铸件需经______处理，加工完毕后内壁需涂______涂料，未注铸造圆角为______，未注倒角为______。

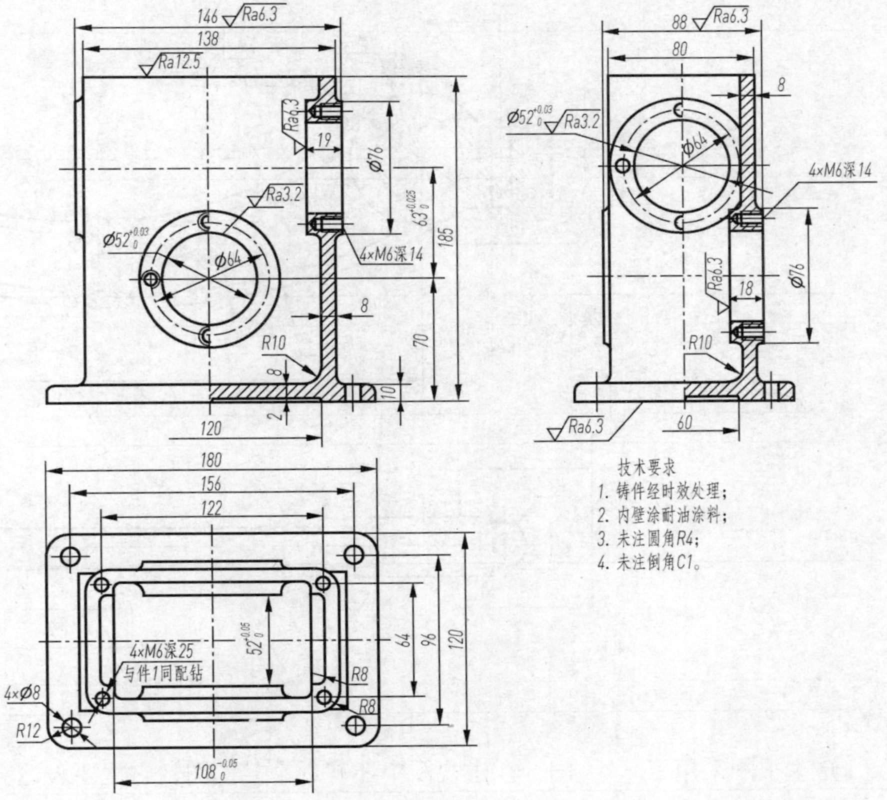

减速器箱体	比例	数量	材料	（图号）
			HT150	
制图			（校名）	
校核				

班　级：__________　　姓　名：__________　　学　号：__________

11. 读支架零件图，并完成下列题目

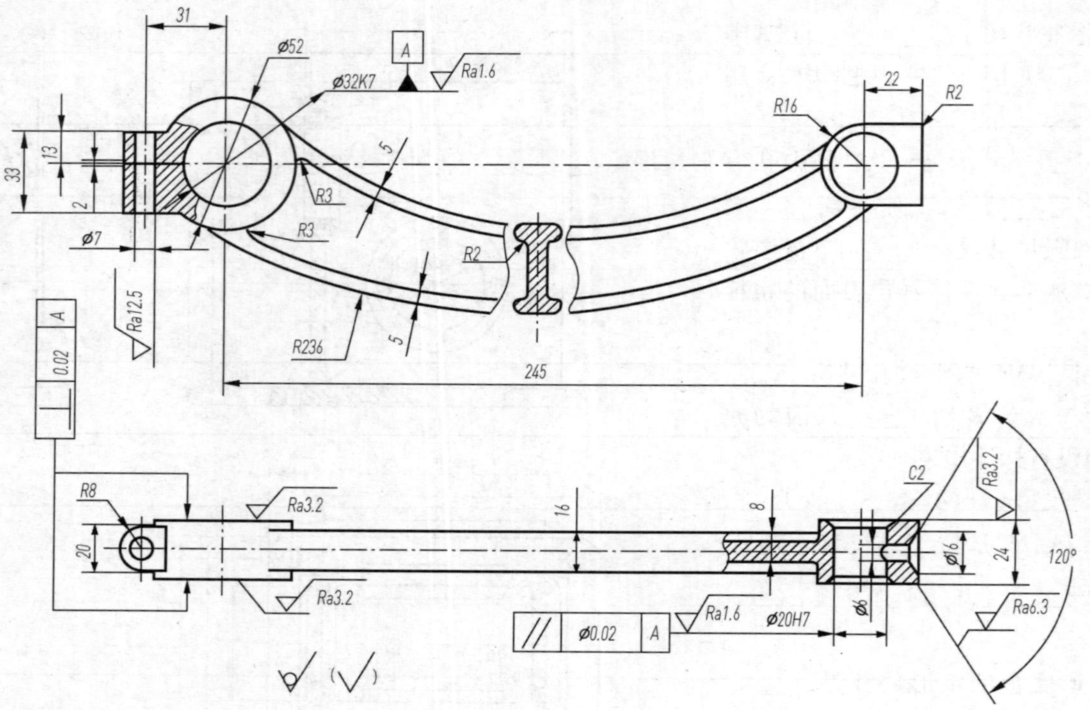

技术要求

1. 铸件不得有气孔、裂纹等缺陷。
2. 机加工前进行人工时效处理。
3. 未注铸造圆角半径 $R2\sim R3$。

（1）主视图采用了_____图。在主视图中还有一个____图，它主要表达____形状。

（2）主视图中 $\phi52$ 圆的定位尺寸是__________。

（3）该零件长度方向的尺寸基准是______，宽度方向的尺寸基准是______，高度方向的尺寸基准是______。

（4）图中所有面的表面粗糙度代号分别为______、______、______。

（5）俯视图采用______视图，主要表达__________形状。

（6）解释形位公差 [// | ϕ0.02 | A] 的含义：____________________。

支架		比例	数量	材料	（图号）
				HT150	
制图				（校名）	
校核					

班 级：__________ 姓 名：__________ 学 号：__________

12. 读弯臂零件图，并完成下列题目

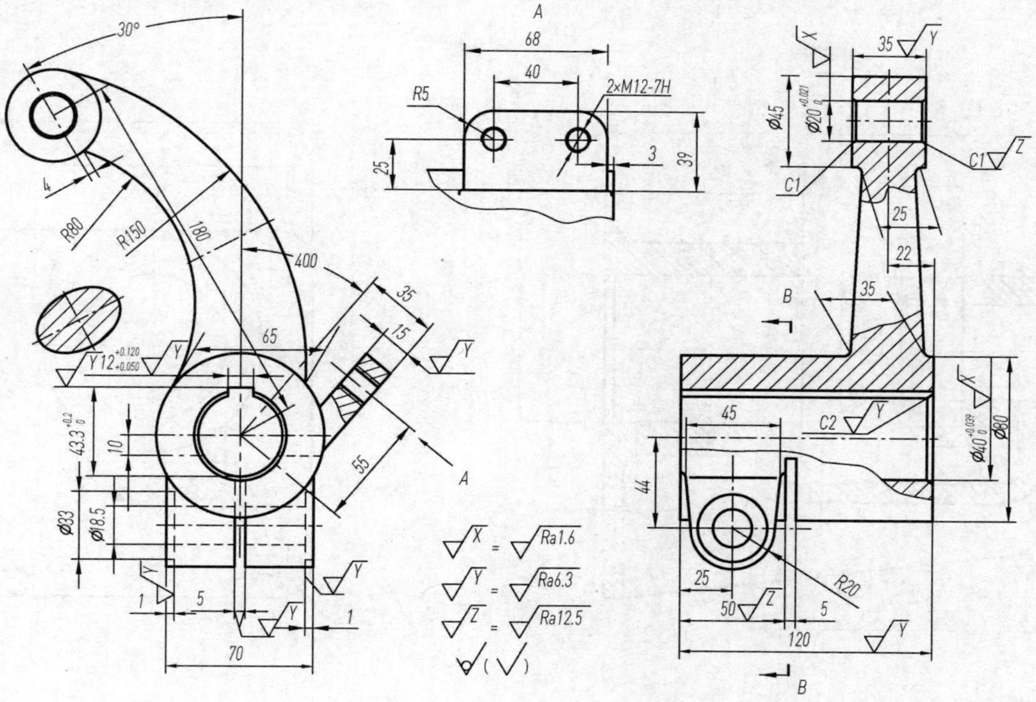

技术要求

1. 未注铸造圆角半径 *R*2 ~ *R*3。
2. 未注铸造圆角 *R*2。

（1）该零件属于四类典型零件中的哪一类？

（2）分析弯臂的结构特点及剖切方式。

（3）指出各方向尺寸的主要基准。

（4）连接脚（右方）的定位尺寸有哪些？定形尺寸有哪些？

（5）在图上注出 ϕ80mm 圆筒后端面与 ϕ45mm 圆筒前端面的距离。

（6）画出 *B*—*B* 断面图。

弯臂	比例	数量	材料	（图号）
		1	HT150	
制图			（校名）	
校核				

班　级：＿＿＿＿＿＿　姓　名：＿＿＿＿＿＿　学　号：＿＿＿＿＿＿

13. 读托架零件图，并完成下列题目

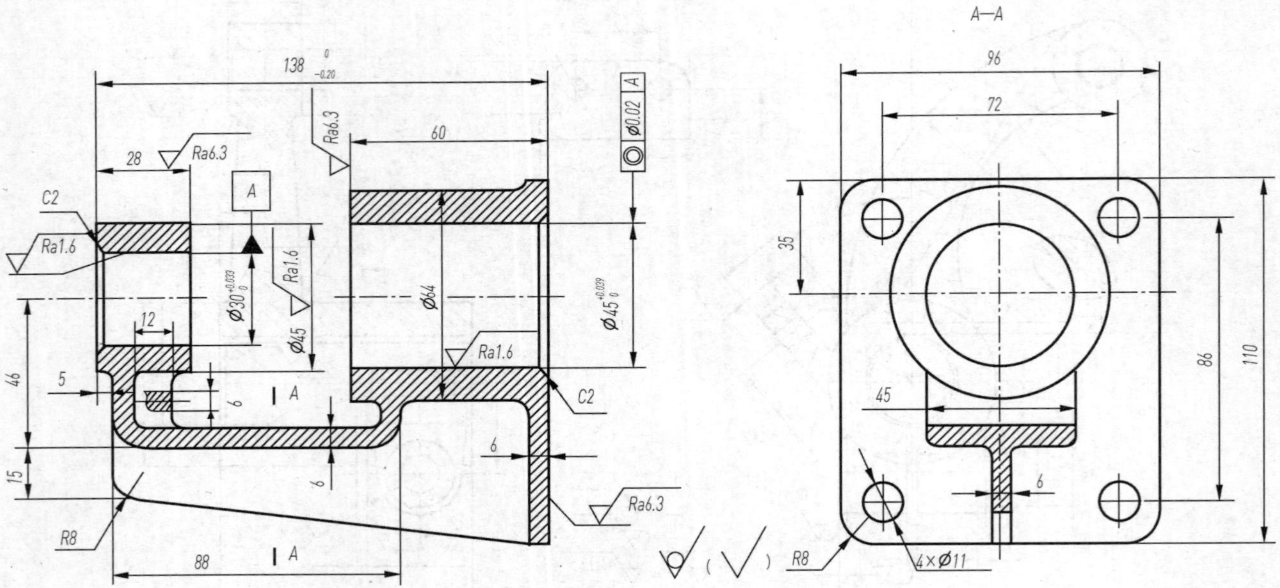

(1) 主视图采用了__________图，左视图采用__________图，它主要表达__________形状。

(2) 左视图中 4×ϕ11 圆孔的定位尺寸是____________________。

(3) 该零件长度方向的尺寸基准是__________，宽度方向的尺寸基准是__________，高度方向的尺寸基准是__________。

(4) 图中所有面的表面粗糙度代号分别为____________________。

(5) 将 $\phi138_{-0.20}^{0}$ 写成标准公差模式____________________。

(6) 解释形位公差 ◎ $\phi0.02$ A 的含义：____________________。

技术要求

1. 不加工表面清理涂漆。
2. 未注铸造圆角 $R2$。

托架	比例	数量	材料	（图号）
			HT150	
制图				（校名）
校核				

班 级：__________ 姓 名：__________ 学 号：__________

14. 读壳体零件图，并完成下列题目

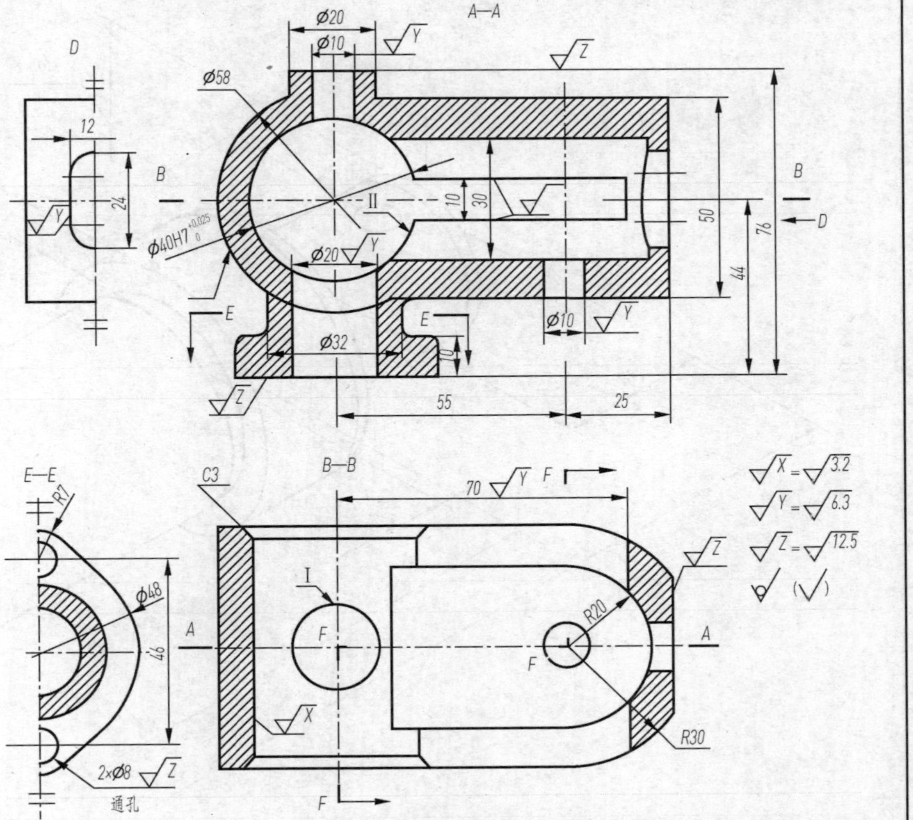

技术要求

1. 不加工表面清理涂漆。
2. 未注铸造圆角 *R*2。

（1）该图属于__________类零件。画出 *F*—*F* 剖视图。

（2）标出该零件长度、宽度、高度方向的尺寸基准。

（3）ϕ40H7 ($^{+0.025}_{0}$) 中 40 为__________，H 为__________，7 为__________，+0.025 为__________。

（4）Ⅰ的表面粗糙度代号为__________，Ⅱ的表面粗糙度代号为__________。

（5）该壳体零件有无结构设计缺陷？（分析 2 × ϕ8 孔处使用螺栓连接或安装的可能性）

壳体	比例	数量	材料	（图号）
			HT200	
制图			（校名）	
校核				

班　级：__________　　姓　名：__________　　学　号：__________

15. 根据传动轴的轴测图，在 A3 图纸上画出其零件草图或零件工作图（比例为 2：1）

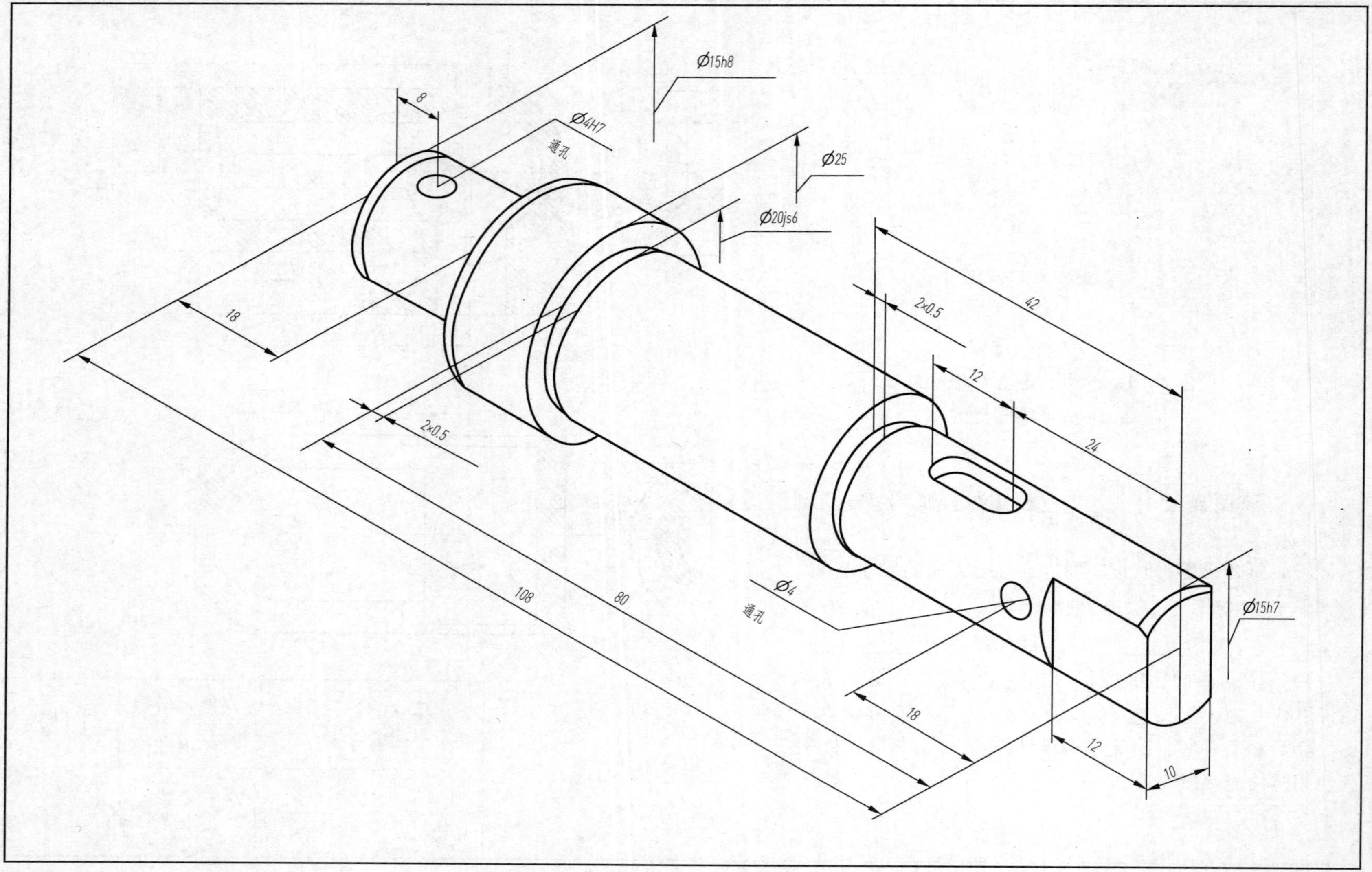

班 级：______ 姓 名：______ 学 号：______

16. 画出座盖的零件图（A3 图纸，比例 1∶1），材料：HT150

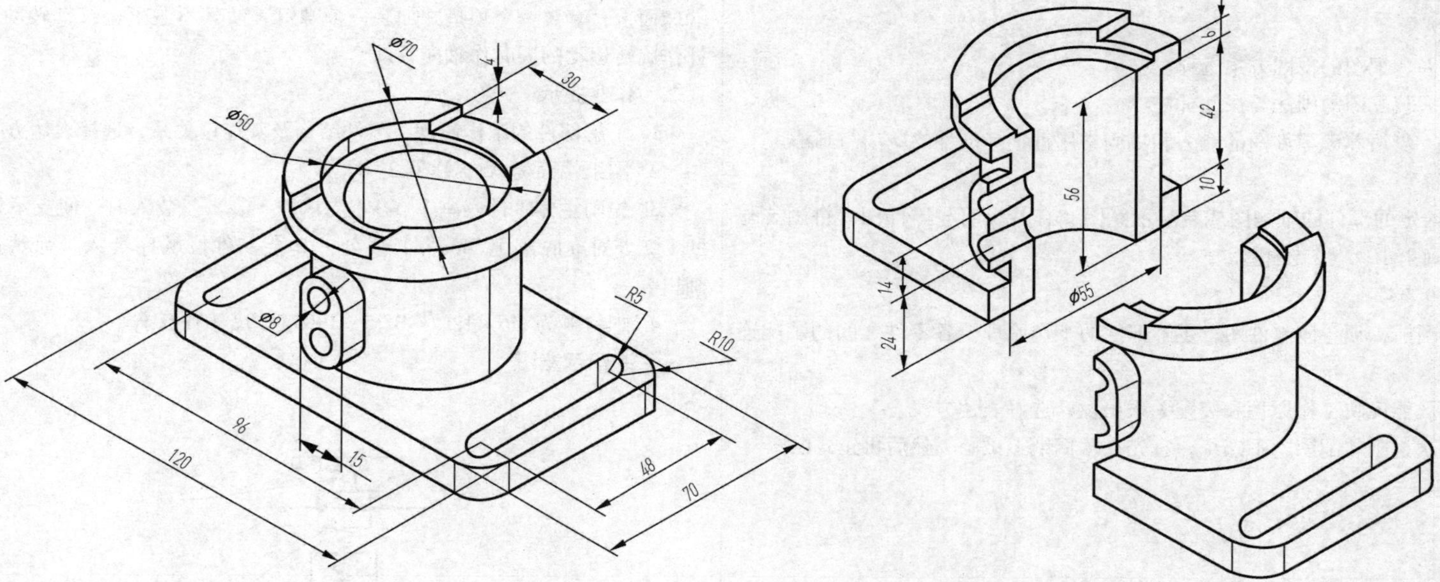

班　级：________　　姓　名：________　　学　号：________

项目十　装配图

1. 根据千斤顶零件图画出装配图（一）

作业指导

一、目的

学习装配图的绘制方法，培养画装配图的能力。

二、要求

1. 掌握装配图的视图方案选择。
2. 掌握装配图的画法与尺寸标注。
3. 进一步培养读零件图的能力和巩固常用件、标准件的应用与画法。

三、内容

根据给定的部件的轴测图或装配示意图、有关说明与零件图，拼画装配草图，并画出1~2张装配图。

四、注意事项

1. 画图前，须看懂零件图，了解部件的工作原理、各零件之间的装配连接关系。
2. 要从能反映工作原理和装配关系出发，选好表达方案。
3. 初次拼画装配图，不熟练，宜先在草稿纸上试画，然后再正式绘图。

一、工作原理

千斤顶是利用螺纹传动来顶起重物的起重或顶压工具。它是用一个绞杠使螺旋杆在螺套中转动，而螺套镶在底座里，并用螺钉定位。在螺旋杆的一端球面上，套装一个顶垫并加装一个螺钉，使其不脱落。绞杠转动时，螺旋杆作旋转运动的同时作轴向移动。

二、作业提示

1. 了解部件的工作原理、零件结构及其连接关系，选择表达方案。
2. 图纸幅面为A3，比例2∶1。
3. 先画主体零件底座1，再将支承柱5装入。装入时，使支承柱尺寸12的1/2处对准底座上M6中心线处，其余零件按顺序装入，弹簧按压缩后画出。
4. 螺钉4为M6×12（GB 75—1985），尺寸查标准。

三、装配示意图

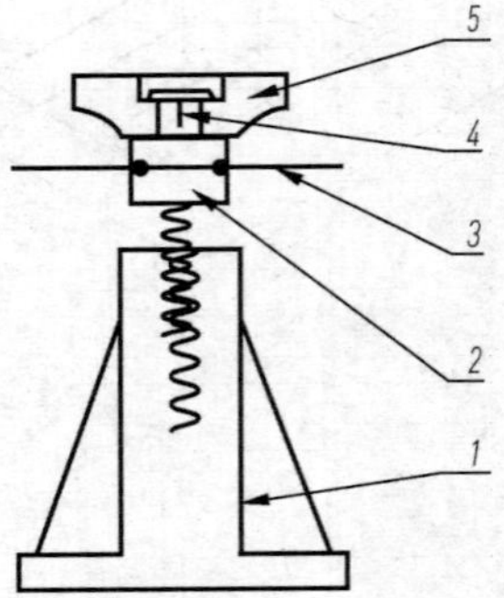

班　级：________　姓　名：________　学　号：________

2. 根据千斤顶零件图画出装配图（二）

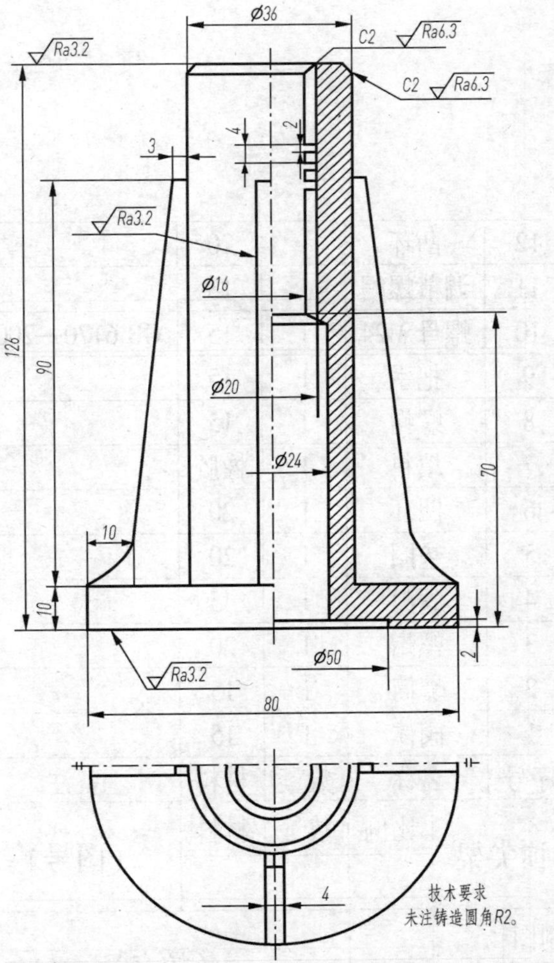

技术要求
未注铸造圆角R2。

1	底座	HT150	1 件

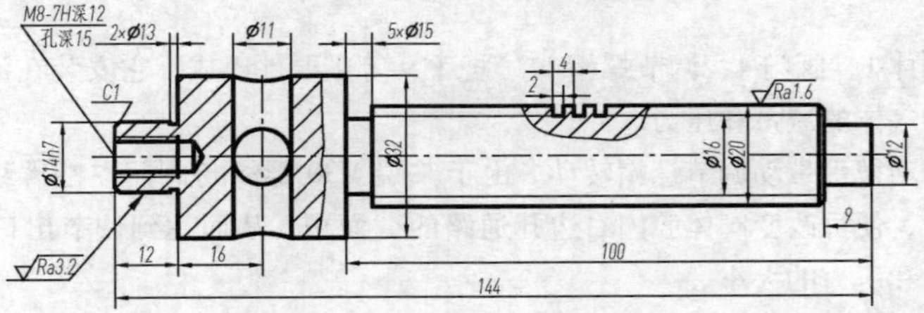

3	起重螺杆	45	1 件

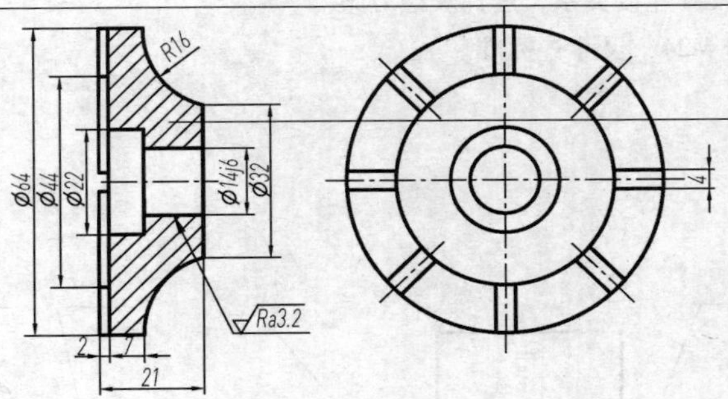

2	顶盖	45	1 件

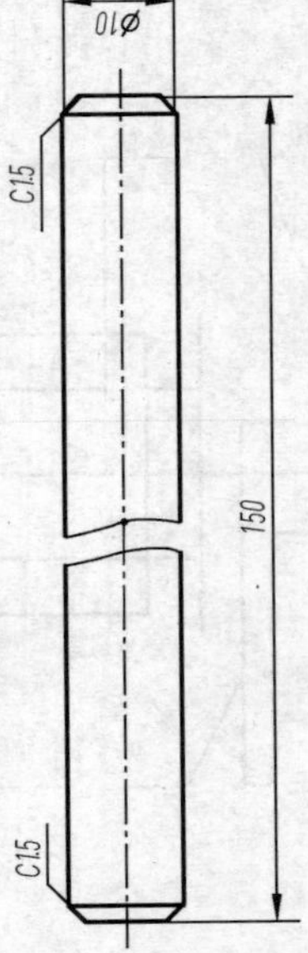

1件	螺杆	45	3

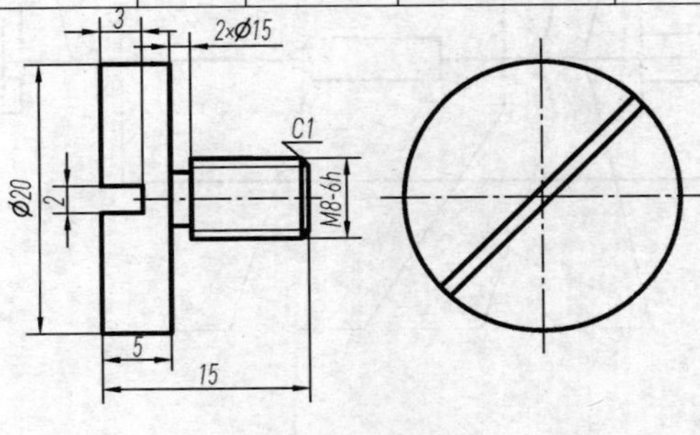

4	螺钉	45	1 件

班 级：＿＿＿＿＿＿ 姓 名：＿＿＿＿＿＿ 学 号：＿＿＿＿＿＿

3. 根据旋转开关零件图画出装配图（一）

一、工作原理

旋转开关由阀体 1、阀门 4、调节螺帽 11、把手 9 等主要件组成，它安装在液体、气体的管路上，用以调节液、气体的流量和压力。

使用时，可转动把手带动调节螺帽转动。由于左端 M30 螺纹与阀门左端螺纹连接，驱动阀门向右或向左移动时，便可改变阀体腔内右边孔通路的截面积，从而达到调节出口处（上端）的管路中液、气体流量和压力的大小。

二、作业提示

1. 了解部件的工作原理、零件结构及其连接关系，选择表达方案。
2. 图纸幅面 A4，比例 1∶2.5、螺母 M24，尺寸查标准。

三、装配示意图

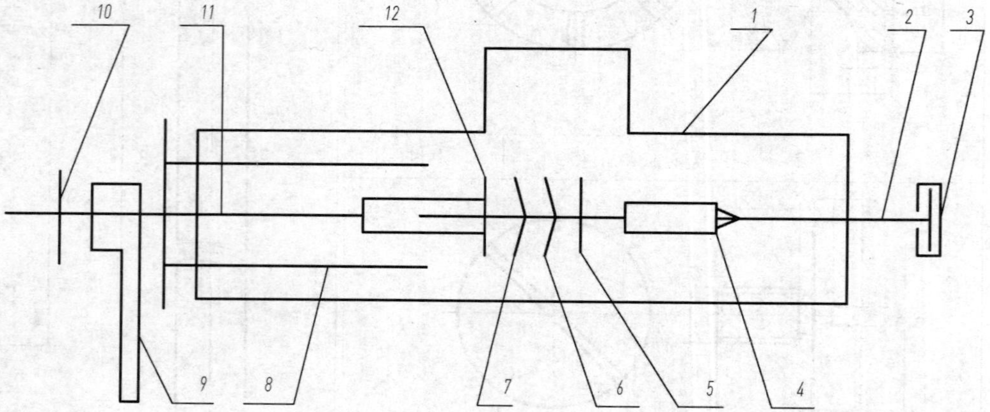

序号	名称	数量	材料	备注
12	凸环	1	20	
11	调节螺帽	1	15	
10	螺母 M24	1	15	GB 6170—2000
9	把手	1	15	
8	螺帽	1	15	
7	填料	1	橡胶	
6	凹环	1	20	
5	垫圈	1	20	
4	阀门	1	45	
3	螺帽	1	20	
2	套筒	1	15	
1	阀体	1	15	

顶尖架	比例	数量	材料	（图号）
制图			（校名）	
校核				

班　级：________　姓　名：________　学　号：________

4. 根据旋转开关零件图画出装配图（二）

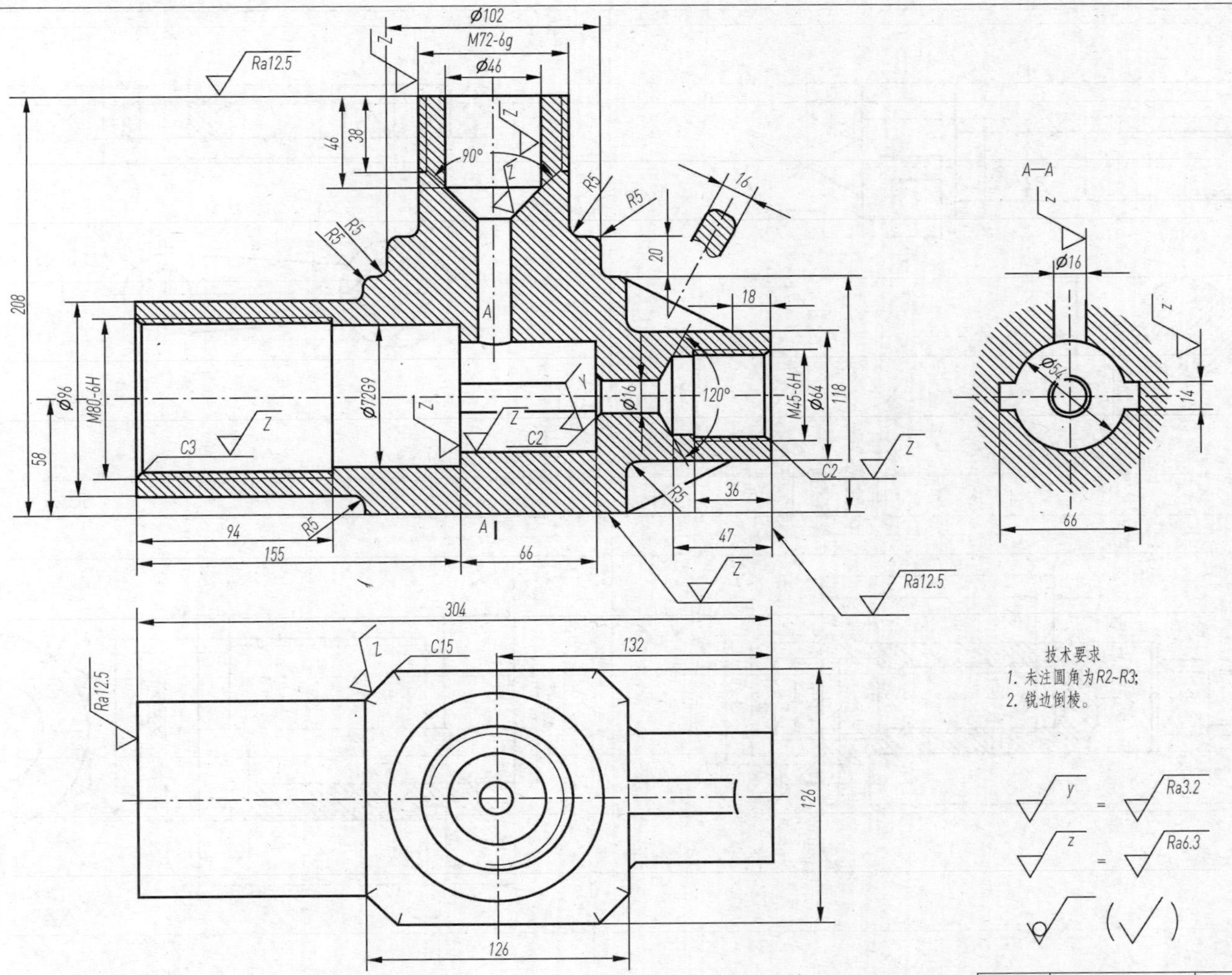

技术要求
1. 未注圆角为R2~R3;
2. 锐边倒棱。

1	阀体	15	1件

5. 根据旋转开关零件图画出装配图（三）

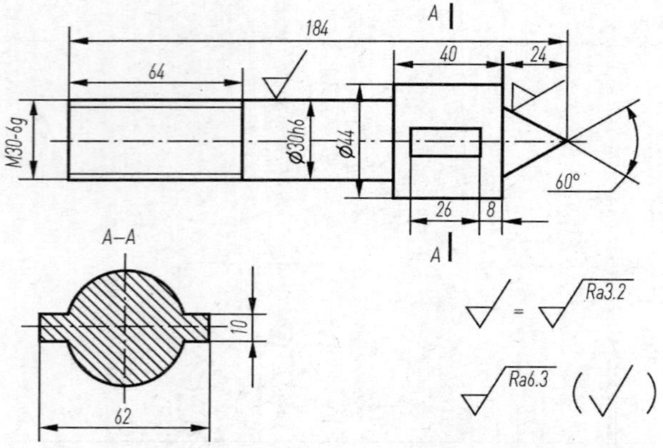

4	阀门	45	1 件

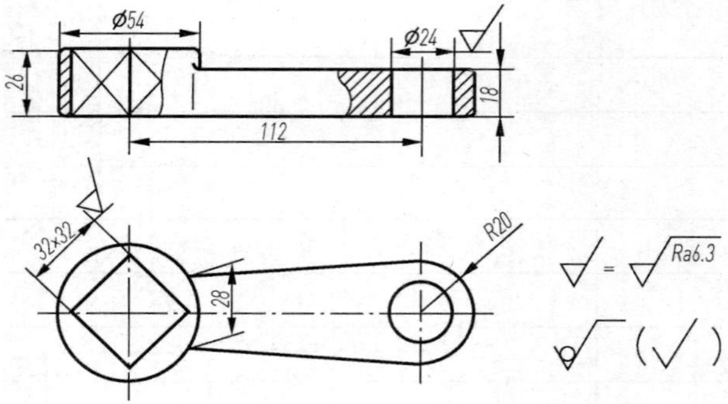

9	把手	15	1 件

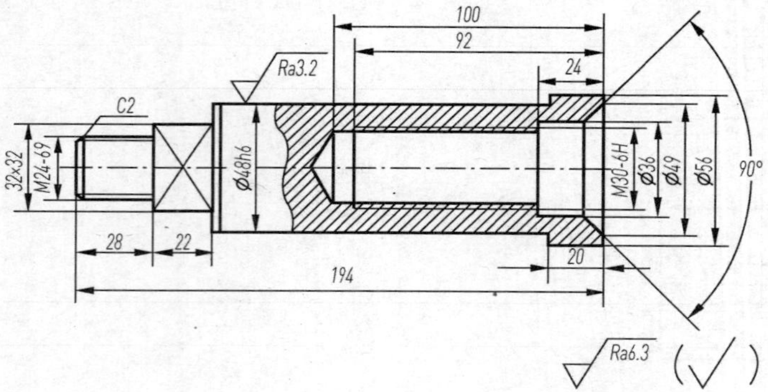

11	调节螺帽	20	1 件

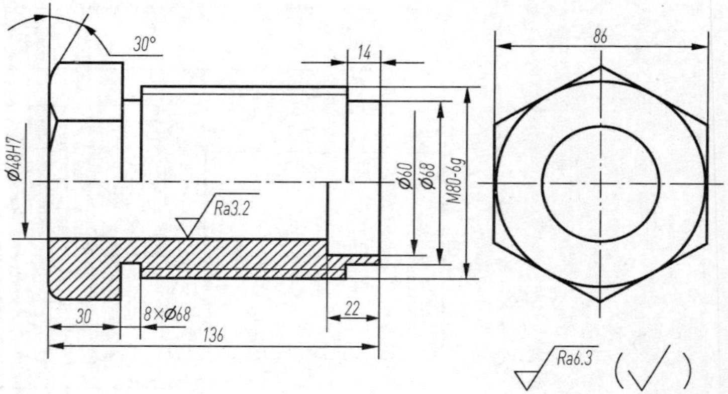

8	螺帽	20	1 件

班　级：__________　　姓　名：__________　　学　号：__________

6. 根据旋转开关零件图画出装配图（四）

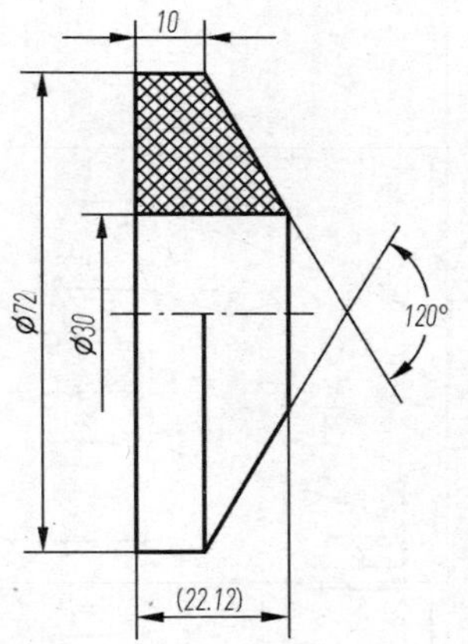

7	填料	橡胶	1 件

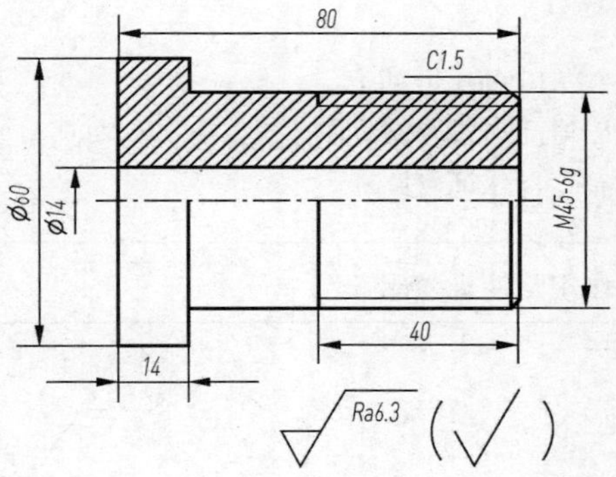

2	套筒	15	1 件

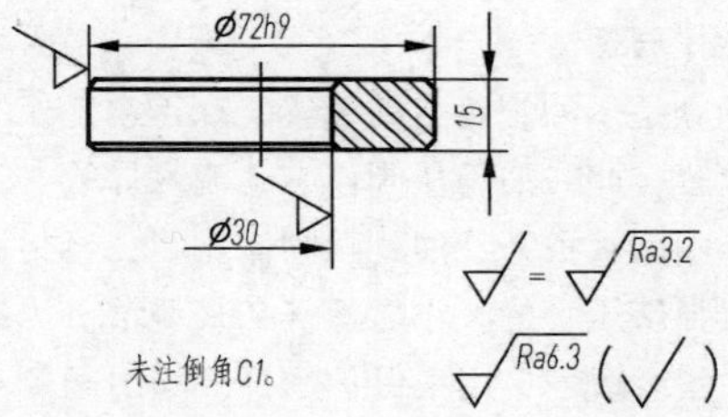

5	垫圈	20	1 件

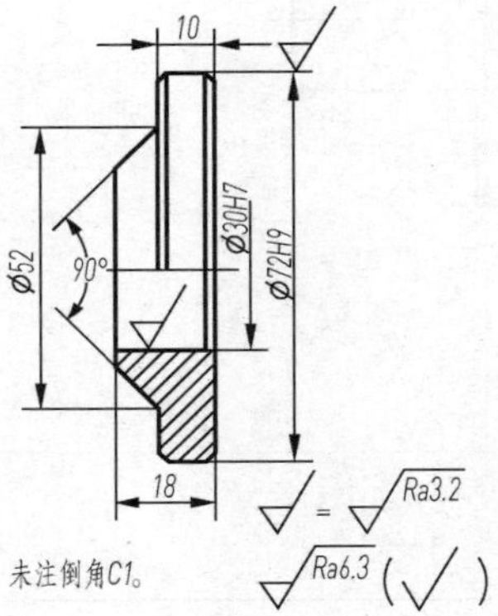

12	凹环	20	1 件

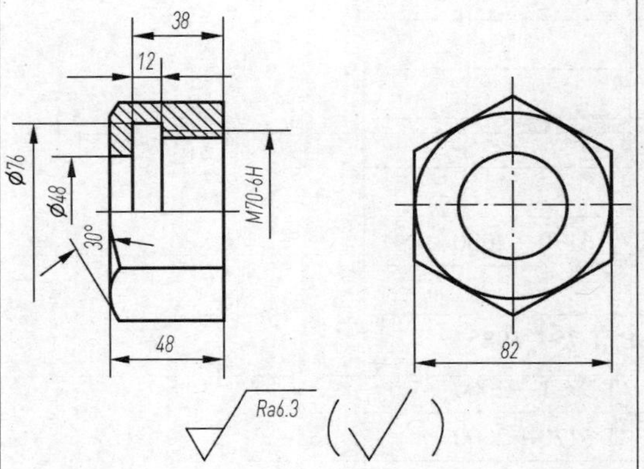

3	螺帽	20	1 件

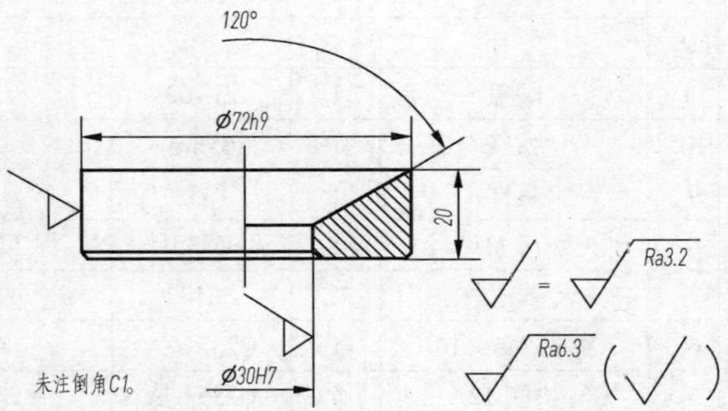

6	凹环	20	1 件

班 级：________ 姓 名：________ 学 号：________

7. 根据回油阀零件图画出装配图（一）

一、工作原理

回油阀是供油管路上的装置。在正常工作时，阀门 2 靠弹簧 10 的压力处在关闭位置，此时油门从阀体右孔流入导管。当导管中的油压增高超过弹簧压力时，阀门被顶开，油就顺阀体左端孔经另一导管流回油箱，以保证管路的安全。弹簧压力的大小靠螺杆 9 来调节。为防止螺杆松动，在螺杆上部用螺母 8 并紧。罩子 7 用来保护螺杆，阀门两侧有小圆孔，其作用是使进入阀门内腔的油流出来，阀门的内腔底部有螺孔，是供拆卸时用的，阀体 1 与阀盖 11 是用 4 个螺柱连接，中间有垫片 12 以防漏油。

二、作业提示

1. 安全阀装配示意图和全部零件图。
2. 用 A2 图纸，比例 1∶1。

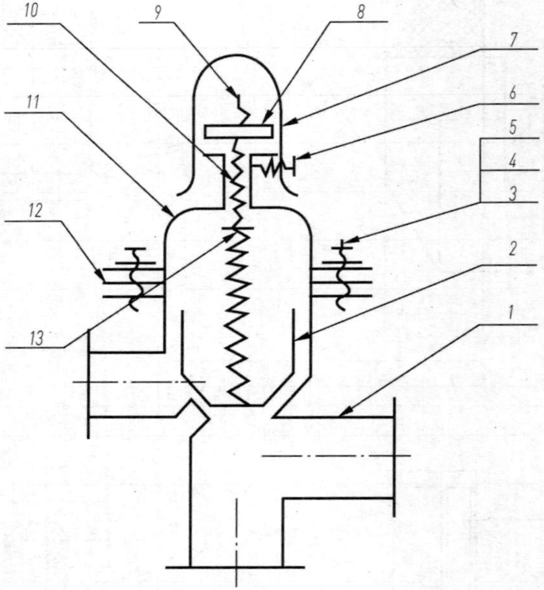

序号	零件名称	数量	材料	备注及标准
13	弹簧垫	1	H62	
12	垫片	1	纸板	
11	阀盖	1	ZL102	
10	弹簧	1	65Mn	
9	螺杆	1	35	
8	螺母 M16	1	Q235	GB/T 6170—2000
7	罩子	1	ZL102	
6	螺钉 M6×16	1	Q235—A	GB/T 75—1985
5	垫圈 12	4	Q235—A	GB/T 97. 1—2000
4	螺母 M12	4	Q235—A	GB/T 6170—2000
3	螺柱 M12×35	4	Q235—A	GB/T 900—1988
2	阀门	1	H62	
1	阀体	1	ZL102	

班　级：________　姓　名：________　学　号：________

8．根据回油阀零件图画出装配图（二）

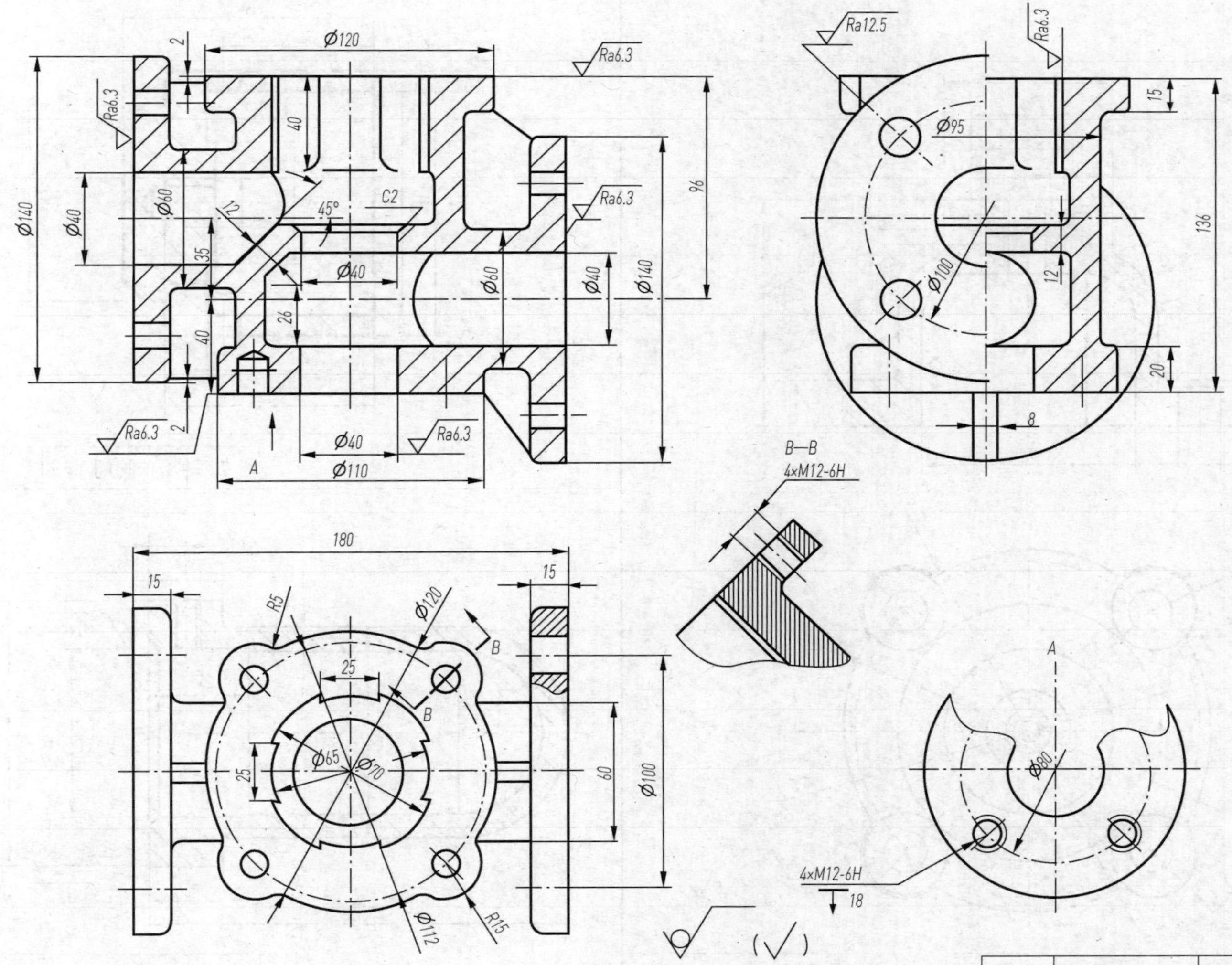

1	阀体	ZL102	1件

班　级：＿＿＿＿＿＿　　姓　名：＿＿＿＿＿＿　　学　号：＿＿＿＿＿＿

9. 根据回油阀零件图画出装配图（三）

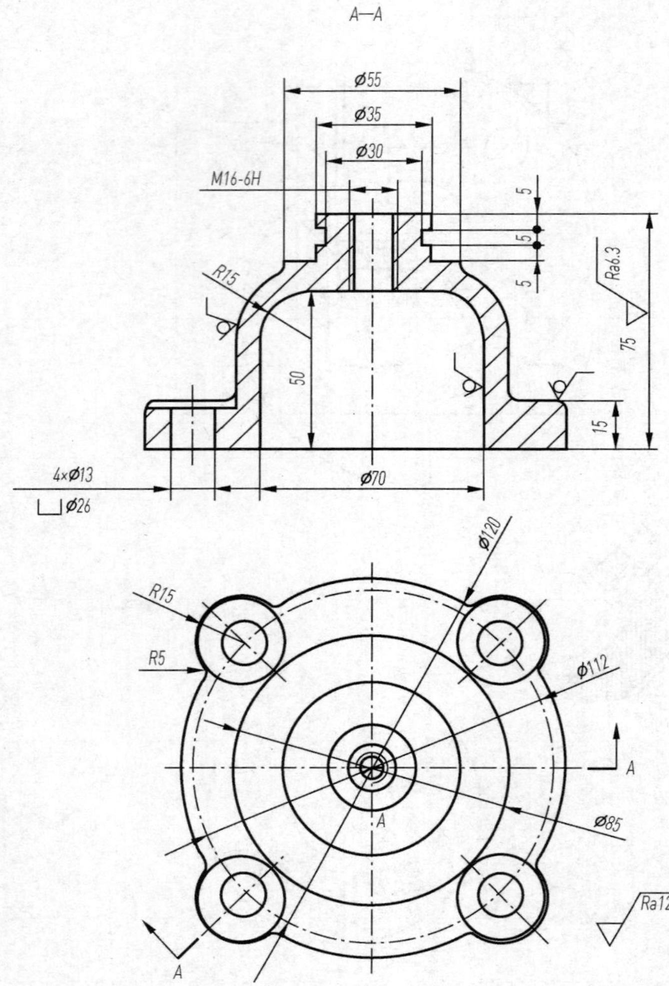

11	阀盖	ZL102	1件

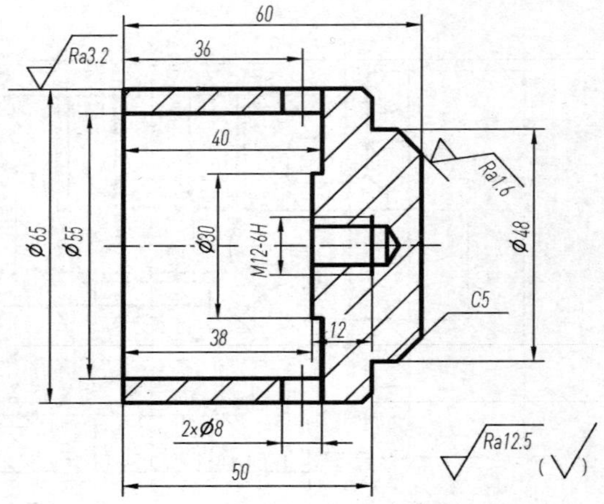

2	阀门	ZL102	1件

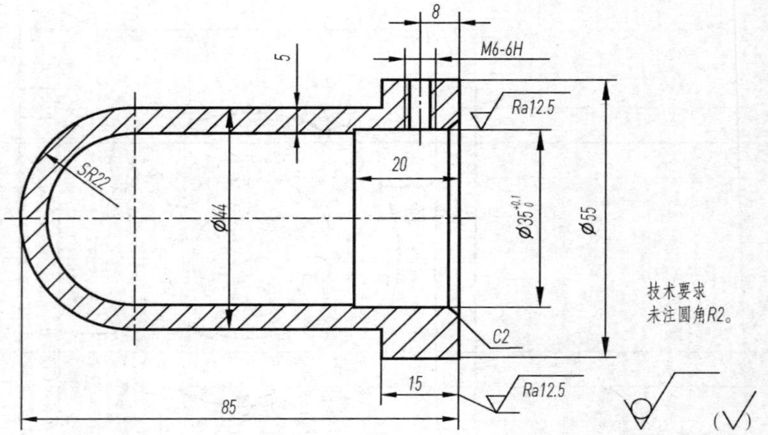

7	罩子	ZL102	1件

班 级：________ 姓 名：________ 学 号：________

10. 根据回油阀零件图画出装配图（四）

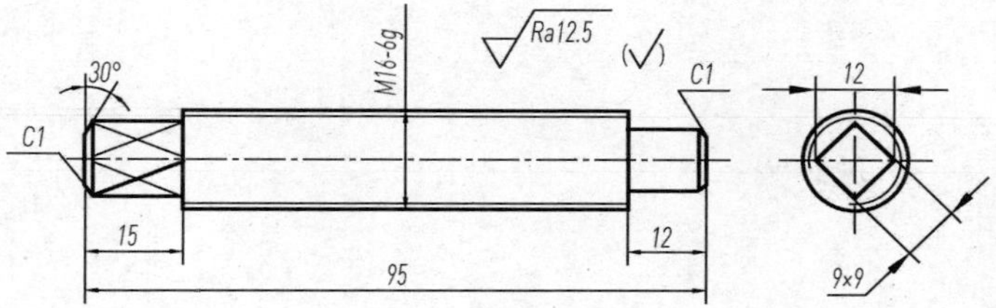

9	螺杆	35	1 件

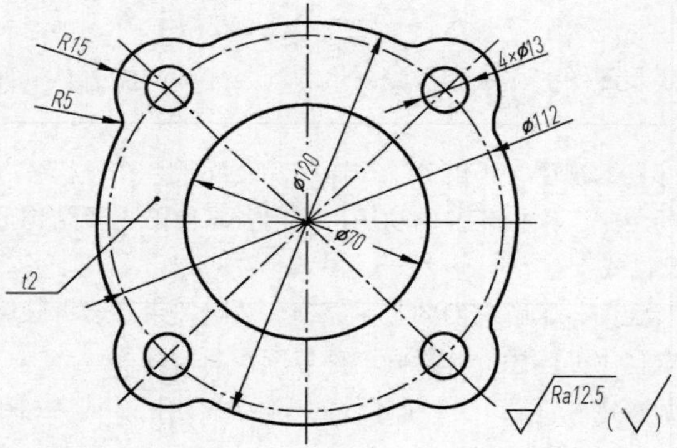

12	垫片	ZL102	1 件

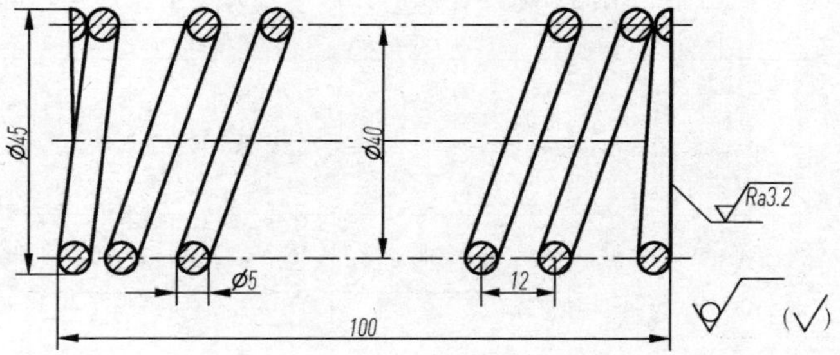

有效圈数 $n=7.5$，总圈数 $n_1=10$；

旋向：右；展开长度：$L=1256$。

10	弹簧	65Mn	1 件

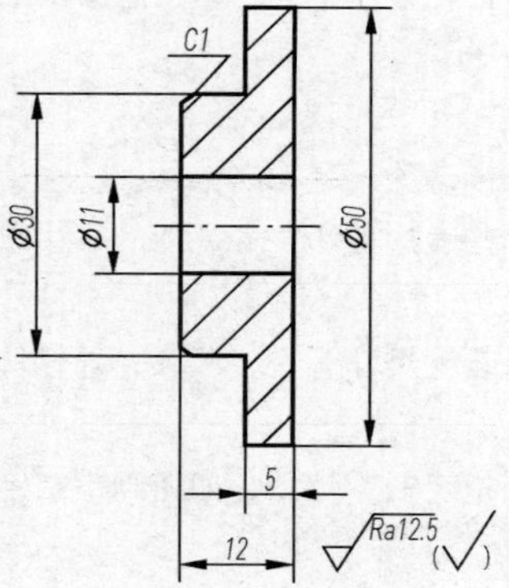

13	弹簧垫	H62	1 件

班　级：__________　姓　名：__________　学　号：__________

11．读装配图和根据装配图拆画零件图

作 业 指 导

一、目的

1. 学习读装配图的方法和步骤，培养读装配图的能力；掌握由装配图拆画零件图的方法和步骤。

二、要求

1. 读懂部件的视图，了解其工作原理和装配关系，分析各零件的作用。
2. 从装配图中，根据零件的功用，想出各零件的主要结构形状，拆画出零件图。

三、内容及格式

1. 读懂装配图，了解它们的工作原理、装配关系及装拆顺序。
2. 回答题目中的问题，并拆画零件草图。
3. 按教师指定，拆画 1 ~2 个零件的零件图，用 A3 或 A2 图纸。

四、完成作业的步骤与提示

1. 读装配图，按照本书中读装配图的方法和步骤，阅读后面的装配图。看懂部件的工作原理、装配关系。从装配图中把零件的各个投影分离出来，并根据零件的功用想象其完整的结构形状。

2. 由装配图拆画零件工作图，根据看图想象出的零件形状以及零件图的表达方法，按照教材中介绍的拆画零件图的方法和步骤，重新选择视图，画出零件图。

五、思考题

1. 装配图的功用、传动关系是什么？
2. 装配图采用了哪些表达方法？各视图的表达重点是什么？
3. 装配示意图的画法。
4. 装配图中哪些是装配尺寸、安装尺寸、外形尺寸？说明图中配合代号的意义。
5. 部件的装拆顺序。
6. 试说明如何拆画指定的零件图，如何画出指定的剖视图、断面图等。

班 级：__________ 姓 名：__________ 学 号：__________

12．读机用虎钳装配图和根据装配图拆画零件图（一）

（1）机用虎钳装配图。

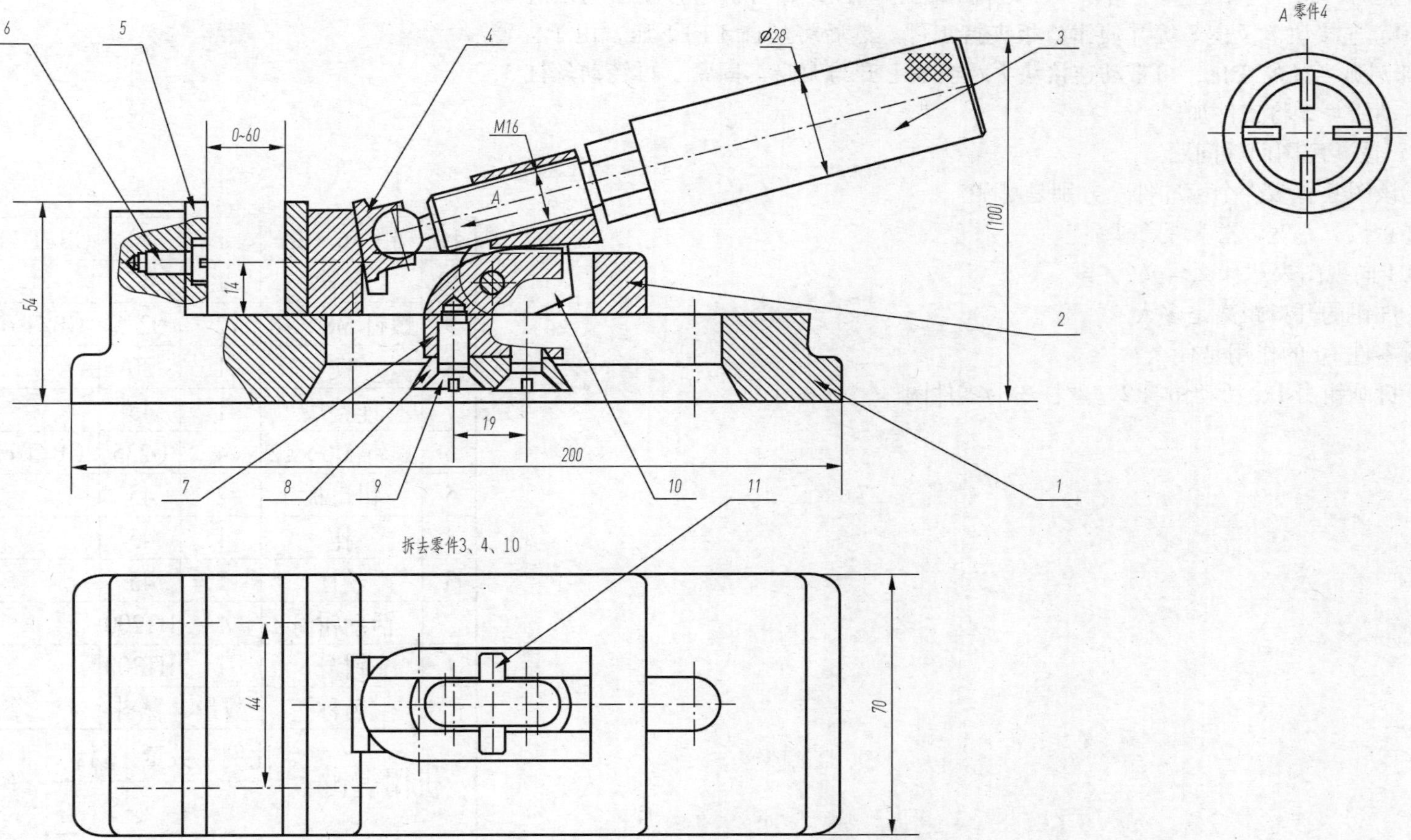

班　级：＿＿＿＿＿＿　　姓　名：＿＿＿＿＿＿　　学　号：＿＿＿＿＿＿

13. 读机用虎钳装配图和根据装配图拆画零件图（二）

（2）工作原理。

使用时，将工件放在两个钳口板 5 之间，抬起丝杠 3 即可快速移动活动钳身 2、摇臂 10、连接块 7 及楔 8 等并使钳口板夹持工件。然后将丝杠 3 向下压，由于摇臂 10 下部圆弧半径的变化，可带动连接块 7 及楔 8 上升与钳身 1 固紧。再转动丝杠 3，推动活动钳身 2 将工件加紧。

（3）读装配图回答问题。

①该图共有多少个标准件？分别是哪些？

②总长、总宽、总高是多少？

③A 向视图表达什么含义？

④虎钳的开口距离是多大？

⑤零件 10 的作用是什么？

⑥拆画钳身 1、活动钳身 2、丝杠 3 的零件图。

序号	名称	数量	材料	备注
11	销 A6×28	1	30	GB/T 117—2000
10	摇臂	1	45	
9	螺钉 M8×18	2	Q235	GB/T 68—2000
8	楔	1	30	
7	连接块	1	45	
6	螺钉 M6×12	4	Q235	GB/T 65—2000
5	钳口板	2	45	
4	托	1	45	
3	丝杠	1	45	
2	活动钳身	1	HT200	
1	钳身	1	HT200	

<table>
<tr><td colspan="2" rowspan="2">机用虎钳</td><td>比例</td><td>数量</td><td>材料</td><td rowspan="2">（图号）</td></tr>
<tr><td></td><td></td><td></td></tr>
<tr><td>制图</td><td></td><td></td><td colspan="3" rowspan="2">（校名）</td></tr>
<tr><td>校核</td><td></td><td></td></tr>
</table>

班　级：________　姓　名：________　学　号：________

14．读旋转阀装配图

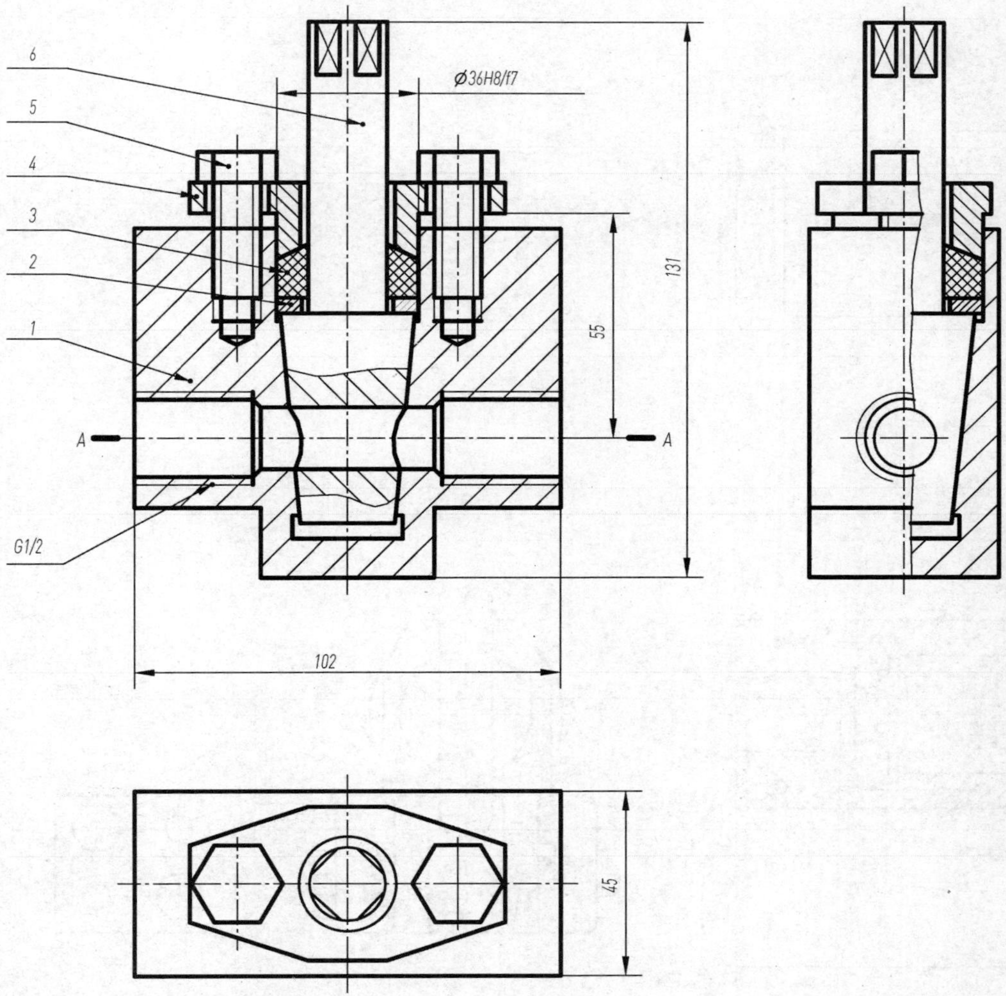

回答问题：

（1）该装配体的名称、用途是什么？共由几种零件组成？其中有几种标准件？

（2）试说明旋阀的工作原理。

（3）零件 1 和零件 4 是什么配合？

（4）零件 3 起什么作用？如何固定？

（5）解释 G1/2 的含义。

（6）作 *A—A* 剖视图。

（7）拆画零件 1 的零件草图。

6	阀杆	1	45	
5	螺栓 M10×40	2	35	GB/T 5783—2000
4	填料压盖	1	35	
3	填料	1	石棉绳	
2	垫圈	1	Q235	
1	阀体	1	35	
序号	名称	数量	材料	备注

旋转阀	比例	数量	材料	（图号）
制图			（校名）	
校核				

班　级：________　　姓　名：________　　学　号：________

15. 读手压阀装配图（一）

（1）手压阀装配图。

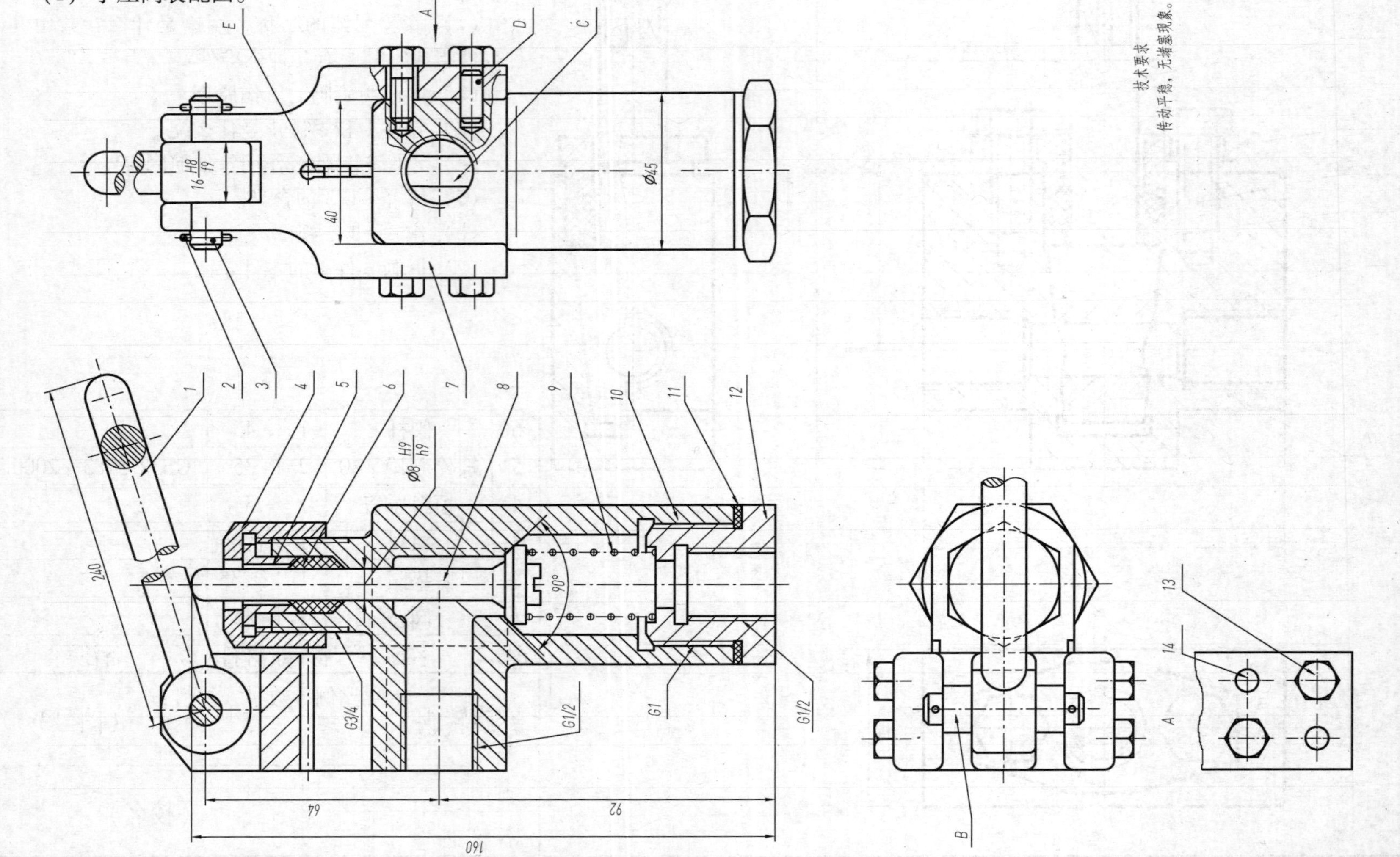

班　级：＿＿＿＿＿＿　　姓　名：＿＿＿＿＿＿　　学　号：＿＿＿＿＿＿

16. 读手压阀装配图（二）

（2）工作原理。

手压阀是开启或关闭液路的一种手动阀门。手柄向下压紧阀杆时，弹簧受压，阀杆向下移动，使入口和出口相通，阀门打开；松开手柄时，因弹簧力的作用，阀杆向上压紧阀体，使入口与出口不相通，阀门关闭。

（3）读装配图回答问题。

①零件 12 号与零件 10 号是用什么连接的？

②图中 G1 表示什么含义？

③零件 6 号和零件 11 号起什么作用？

④要使阀开启或关闭，必须压下或松开几号零件？

⑤装配图中共有几处螺纹连接？代号分别是什么？

⑥手压阀的主要作用是什么？

⑦装配体中有几处地方为间隙配合？

⑧拆画阀座 10、支架 7 的零件图。

14	平行销	4	35	销 GB/T 117 A5×16
13	六角头螺栓	4	30	GB/T 5782 M6×15
12	六角接头	1	30	
11	胶垫	1	橡胶	
10	阀座	1	HT150	
9	弹簧	1	60CrVA	
8	气门杠	1	45	
7	支架	1	35	
6	填料	1	橡胶	
5	压紧套	1	30	
4	压紧螺母	1	30	
3	轴	1	45	
2	销	2	Q235—A	销 GB/T 117 A1.5×16
1	杠杆	1	35	
序号	名 称	数量		备 注

手压阀		比例	数量	材料	（图号）
		1∶2			
制图			（校名）		
校核					

班 级：________ 姓 名：________ 学 号：________

17. 读单缸吸气泵装配图（一）

（1）单缸吸气泵装配图。

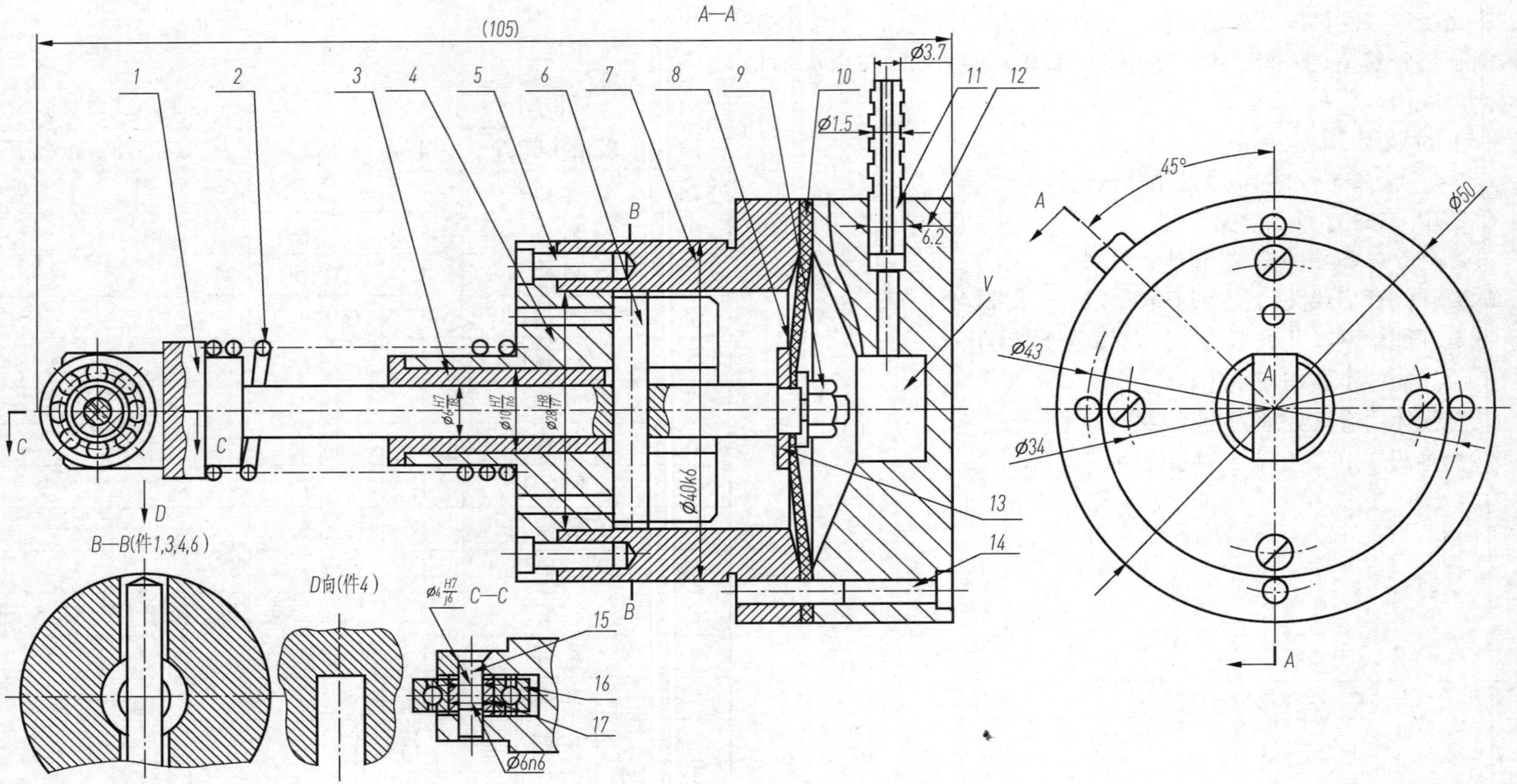

班　级：＿＿＿＿＿＿　　姓　名：＿＿＿＿＿＿　　学　号：＿＿＿＿＿＿

18. 读单缸吸气泵装配图（二）

（2）工作原理。

单缸吸气泵为锗片厚度分类机部件，用于吸附小薄片。它是籍助于凸轮的转动。推动推杆 1 带动橡皮膜 10 作往复运动，使内腔的容积发生变化，产生正负压达到吸附小薄片的目的。

（3）读装配图回答问题。

①用适当的表达方法，按 2∶1 拆画出缸体（7 号零件）的零件视图。

②在图上注出具有配合要求的尺寸和代号。

③在图上标注指定的表面粗糙度代号，$\phi40$ 的 Ra 为 3.2，$\phi28$ 的 Ra 为 3.2，左端面 Ra 为 6.3，右端面的 Ra 为 6.3。

17	轴承	1	QA119 - 4	
16	滚动轴承	1	1000094	GB 276—1994
15	螺钉 M3	4	A3	
14	螺钉 M3X20	1	A3	GB 65—2000
13	垫圈	1	A3	
12	缸盖	1	LY12	
11	接嘴	1	H62	
10	橡皮膜	1		
9	螺母	1	A3	GB 6170—2000
8	垫圈	2	A3	GB 97—2002
7	缸体	1	LY12	
6	柱销 4h8X28	1	A3	
5	螺钉 M3X12	4	A3	GB 65—2000
4	导向盖	1	LY12	
3	轴套	1	QA119 - 4	
2	弹簧	1	65Mn	
1	推杆	1	45	
序号	名 称	数量		备 注

单缸吸气泵	比例	数量	材料	（图号）
	2∶1			
制图			（校名）	
校核				

班　级：________　　姓　名：________　　学　号：________

19. 读柱塞泵装配图（一）

（1）柱塞泵装配图。

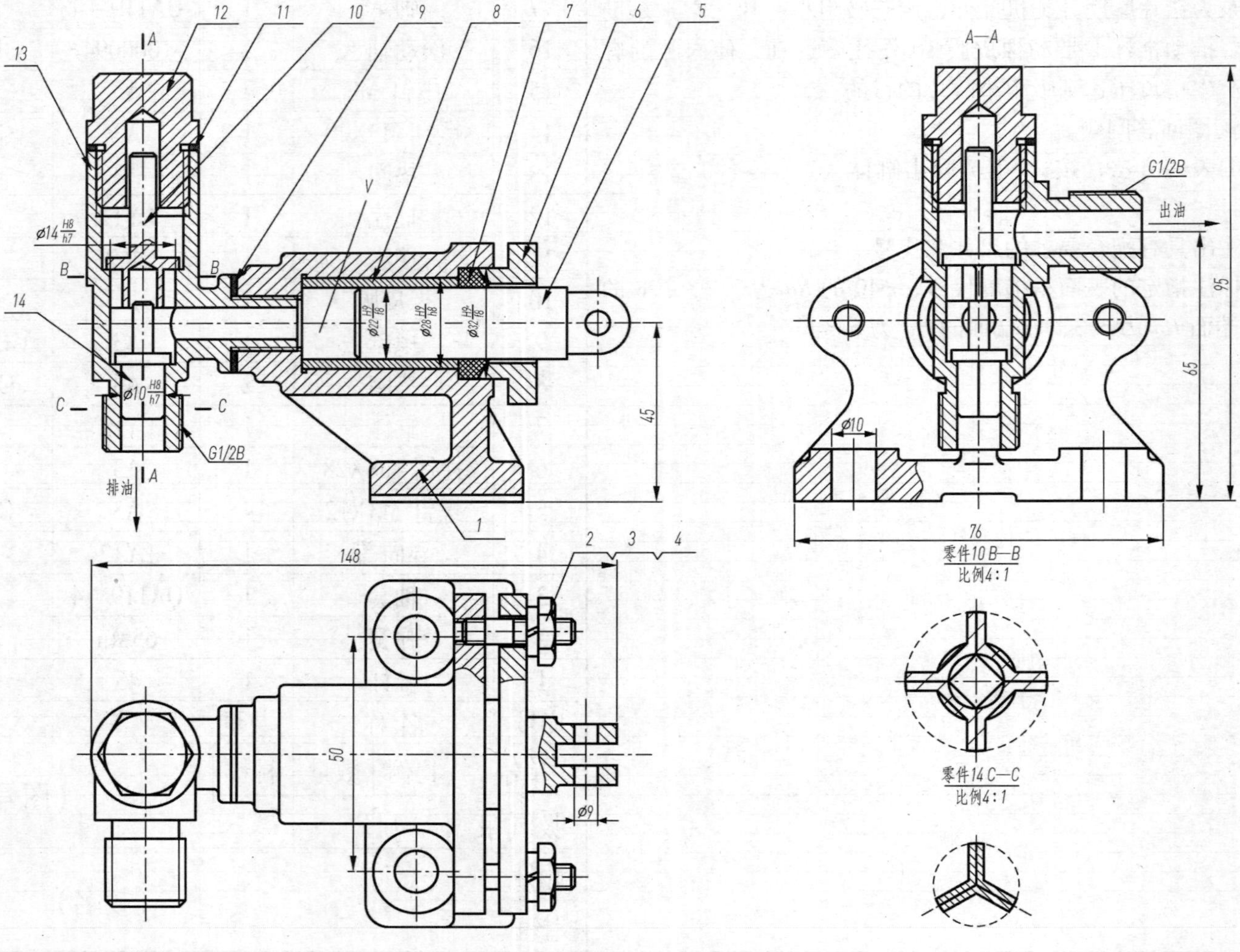

班 级：________ 姓 名：________ 学 号：________

20. 读柱塞泵装配图（二）

（2）工作原理。

柱塞泵是用来提高输送液体压力的供油部件，当柱塞泵往复运动时，液体由下阀14处流入，上阀10处流出。由于柱塞5的往复运动，液体不断地从油箱中输送到润滑系统的其他地方。

（3）读装配图回答问题。

在看懂装配图的基础上，完成下题：

①用适当的表达方法，按1:1拆画出管接头（13号零件）的零件视图（已给出三个视图的外轮廓线及中心线）。

②在图上注出具有配合要求的尺寸和代号。

③在图上标注出指定的表面粗糙度代号。其中顶面的 *Ra* 值为6.3，上下阀的导向孔的 *Ra* 值均为3.2，上下阀支承接触面的 *Ra* 值均为1.6。

14	下阀	1	ZHMn58－2－2	
13	管接头	1	ZHMn58－2－2	
12	螺塞	1	ZHMn58－2－2	
11	垫片	1	橡胶	
10	上阀	1	ZHMn58－2－2	
9	垫片	1	60CrVA	
8	衬套	1	ZHMn58－2－2	
7	填料	1	耐油橡皮	
6	调料压盖	1	ZHMn58－2－2	
5	柱塞	1	30	
4	螺柱 M8×35	2	30	GB 898—1988
3	垫圈 8	2	45	GB 93—1987
2	螺母 M8	2	Q235－A	
1	泵体	1	HT15－33	
序号	名 称	数量		备 注

柱塞泵	比例	数量	材料	（图号）
	1:2			
制图			（校名）	
校核				

班 级：______ 姓 名：______ 学 号：______

21．读变速器装配图（一）

（1）变速器装配图。

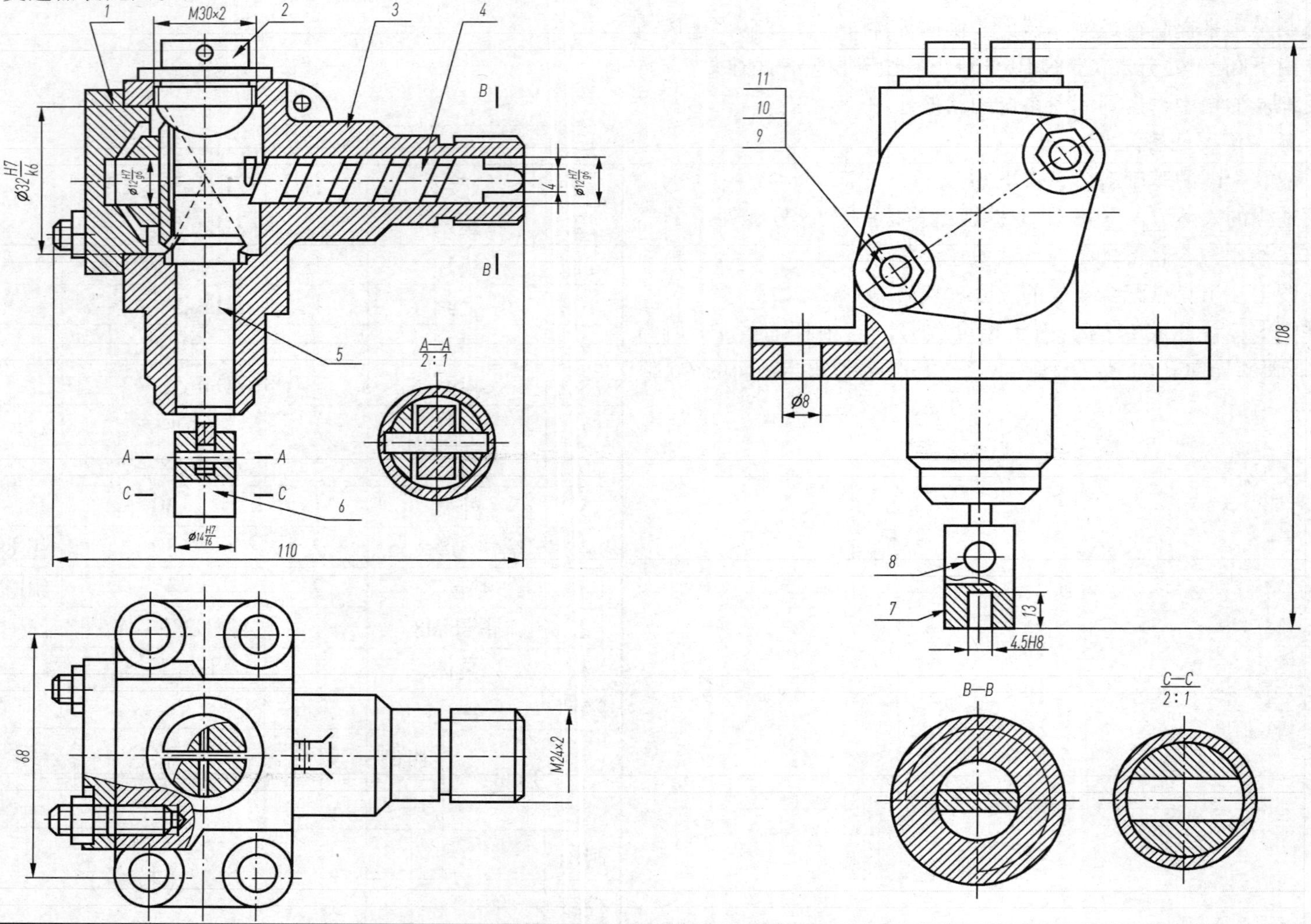

班　级：＿＿＿＿＿＿　　姓　名：＿＿＿＿＿＿　　学　号：＿＿＿＿＿＿

22．读变速器装配图（二）

（2）工作原理。

该部件为汽车速度表上的变速器，利用锥齿轮传速旋转运动速度表安装在柔性轴 5 上，零件 4 为输入轴。零件 4 上有润滑沟槽，壳体 3 右上部的筋板上有小孔，它和螺塞 2 上的小孔一起，是用来穿铁丝以防止螺塞松开。

（3）读装配图回答问题。

①用适当的表达方法，拆画出壳体（零件 3）的零件视图，（已给出左视图和俯视图的外轮廓线）。

②在图上注出具有配合要求的尺寸和代号。

③在图上标注指定的表面粗糙度代号。$\phi18$ 孔的 Ra 值为 3.2，$\phi32$ 孔的 Ra 值为6.3，$\phi12$ 孔的 Ra 值为3.2，左端面的 Ra 值为6.3。

11	螺柱 M6×16	2	A3	GB 898—1988
10	垫圈 6	2	A3	GB 93—1987
9	螺母 M6	2	A3	GB 6170—1986
8	销 A2×18	1	A3	GB 119—1986
7	套筒	1	A3	
6	活动接头	1	A3	
5	齿轮轴	1	45	$m=1.75$，$z=13$
4	齿轮轴	1	45	$m=1.75$，$z=16$
3	壳体	1	HT20—40	
2	螺塞	1	Q235—A	销 GB/T 117 A1.5×16
1	法兰轴承	1	HT20—40	
序号	名 称	数量		备 注

变速器		比例	数量	材料	（图号）
		1:2			
制图			（校名）		
校核					

班　级：________　　姓　名：________　　学　号：________

参 考 文 献

[1] 赵红. 工程图样的绘制与识读习题集. 北京：高等教育出版社，2013.

[2] 吕波. 工程制图习题集. 北京：北京邮电大学出版社，2013.

[3] 金大鹰. 机械制图习题集. 北京：机械工业出版社，2013.

[4] 杨老记. 机械制图习题集. 北京：机械工业出版社. 2012.

[5] 刘力. 机械制图习题集. 北京：高等教育出版社，2008.

[6] 王其昌. 机械制图习题集. 北京：人民邮电出版社，2012.

[7] 沙莉. 机械制图习题集. 北京：人民邮电出版社，2011.

[8] 钱可强. 机械制图习题集. 北京：高等教育出版社，2011.

[9] 姜勇. AutoCAD2008 中文版辅助机械制图. 北京：北京邮电大学出版社，2009.

[10] 王春莲. 机械制图习题集. 北京：化学工业出版社，2013.

[11] 王志泉. 机械制图与公差习题集. 北京：清华大学出版社，2006.

[12] 胡琳. 机械制图习题集. 北京：机械工业出版社，2005.

[13] 张小红. 机械制图与识图职业技能训练图册. 北京：高等教育出版社，2008.

[14] 张萌克. 机械制图习题集. 北京：机械工业出版社，2008.

[15] 叶玉驹. 机械制图手册. 北京：机械工业出版社，2008.